千華數位文化
Chien Hua Learning Resources Network

考前充分準備　臨場沉穩作答

千華公職資訊網
http://www.chienhua.com.tw
每日即時考情資訊　網路書店購書不出門

千華公職證照粉絲團 f
https://www.facebook.com/chienhuafan
優惠活動搶先曝光

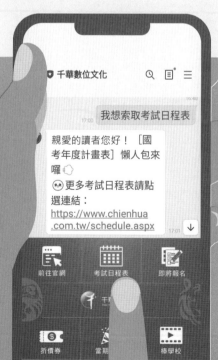

千華 Line@ 專人諮詢服務

☑ 有疑問想要諮詢嗎？
　 歡迎加入千華 LINE @ ！

☑ 無論是考試日期、教材推薦、
　 勘誤問題等，都能得到滿意的服務。

☑ 我們提供專人諮詢互動，
　 更能時時掌握考訊及優惠活動！

108課綱

升科大／四技二專

專業科目 ▶ 機械群

機件原理
1.機件原理、2.螺旋、3.螺紋結件、4.鍵與銷、5.彈簧、6.軸承及連接裝置、7.帶輪、8.鏈輪、9.摩擦輪、10.齒輪、11.輪系、12.制動器、13.凸輪、14.連桿機構、15.起重滑車、16.間歇運動機構

機械力學
1.力的特性與認識、2.平面力系、3.重心、4.摩擦、5.直線運動、6.曲線運動、7.動力學基本定律及應用、8.功與能、9.張力與壓力、10.剪力、11.平面的性質、12.樑之應力、13.軸的強度與應力

機械製造
1.機械製造的演進、2.材料與加工、3.鑄造、4.塑性加工、5.銲接、6.表面處理、7.量測與品管、8.切削加工、9.工作機械、10.螺紋與齒輪製造、11.非傳統加工、12.電腦輔助製造

機械基礎實習
1.基本工具、量具使用、2.銼削操作、3.劃線與鋸切操作、4.鑽孔、鉸孔與攻螺紋操作、5.車床基本操作、6.外徑車刀的使用、7.端面與外徑車削操作、8.外徑階級車削操作、9.鑄造設備之使用、10.整體模型之鑄模製作、11.分型模型之鑄模製作、12.電銲設備之使用、13.電銲之基本工作法操作、14.電銲之對接操作

機械製圖實習
1.工程圖認識、2.製圖設備與用具、3.線條與字法、4.應用幾何畫法、5.正投影識圖與製圖、6.尺度標註與註解、7.剖視圖識圖與製圖、8.習用畫法、9.基本工作圖

～以上資訊僅供參考，請參閱正式簡章公告為準！～

千華數位文化股份有限公司
新北市中和區中山路三段136巷10弄17號
TEL: 02-22289070　FAX: 02-22289076

英文 完全攻略 4G021122

依108課綱宗旨全新編寫，針對課綱要點設計，例如書中的情境對話、時事報導就是「素養導向」以「生活化、情境化」為主題的核心概念，另外信函、時刻表這樣圖表化、表格化的思考分析，也達到新課綱所強調的多元閱讀與資訊整合。有鑑於新課綱的出題方向看似繁雜多變，特請名師將以上特色整合，一一剖析字彙、文法與應用，有別於以往單純記憶背誦的英文學習方法，本書跳脫制式傳統，更貼近實務應用，不只在考試中能拿到高分，使用在生活中的對話也絕對沒問題！

機械製圖實習 完全攻略 4G151131

依據最新課綱精編，編者將「機械製圖實習」這項科目針對108課綱進行刪修，除了重點更加精簡好讀外，也更貼近現在學習的趨勢。除了課文以實務運用的方向編寫，題目也因應素養導向，蒐羅實際上會碰到的問題，這樣的考法不僅符合統測出題的模式，也可以內化吸收成為日後職場上的應變能力。並且，本書使用大量的圖說，互相對照可以更清楚考試的核心內容，由淺入深的學習機械製圖實習這項科目。

機械群

共同科目

4G011122	國文完全攻略	李宜藍
4G021122	英文完全攻略	劉似蓉
4G051122	數學(C)工職完全攻略	高偉欽

專業科目

4G111122	機件原理完全攻略	黃蓉
4G121122	機械力學完全攻略	黃蓉
4G131112	機械製造完全攻略	盧彥富
4G141131	機械基礎實習完全攻略	劉得民・蔡忻芸
4G151131	機械製圖實習完全攻略	韓森・千均

了解教材

目 次

108課綱決勝關鍵

依據最新公布之108課綱標準，編者全新編寫，主要目的為協助同學於最短時間完成「機械製圖實習」之複習，達到事半功倍之成效。主要考試內容包含工程圖認識、製圖設備與用具、線條與字法、應用幾何畫法、正投影識圖與製圖、尺度標註與註解、剖視圖識圖與製圖、習用畫法、基本工作圖等。在108課綱中將原有之10單元整併為9個單元，將原本第五章徒手畫留下部分重點留在新課綱第四章「應用幾何畫法」及第五章「正投影識圖與製圖」，都是符應目前國內技術型高中機械群機械製圖實習學習之趨勢。

「機械製圖實習」內容非常複雜，學科要得高分，不外乎多看多寫，選定好書後，加以精讀與融會貫通，拿高分並不困難，整體而言，考題仍是以「專業知識」為主，「識圖」為輔的命題方式，相信日後的試題依然會以此方式呈現，期勉各位皆能金榜題名。全書主要以最短時間完成同學複習「機械製圖實習」課程而編寫，期盼同學勤加研讀。本書之完成要特別感謝千華數位文化出版社之協助，謹致萬分之謝意。本書經嚴謹校正然仍有疏漏或錯誤之處，尚祈教學先進及同學不吝賜教，謝謝您。

111～112年試題分析與命題趨勢

111年

111年機械製圖實習考了16題，機械製圖實習課程標準有9單元，每一單元皆有題目出現，製圖試卷整體難易度中間偏難，章節重點掌握確實，取材版本平均，視圖線型粗細之細節皆有注意且重視，但出題用的文字較難懂外，考的觀念都很細，素養題的繪圖題不易作答，要拿高分不容易，鑑別度稍低。

今年題目在第五章正投影識圖與製圖及第九章基本工作圖跟往年一樣，為重點章節出題數較多分別有3、4題。部分題目答題較為困難，像是第38題從未考過這樣的題目，不清楚在問甚麼，第47題應是因應新課綱而生的試題，標準答案並不能很明確為大家所信服。

面對111統測，範圍更為廣泛，題目更為深入，第47、48題，為創新題目，過去從未出現此類型題目，題目較往年新穎，非傳統命題方式，考驗學生思考邏輯、判斷答題的能力，必須有融會貫通之能力才能順利答題。一般同學在16題中應該可答對8題以上，細心認真之同學可答對12題以上，跟去年相比較難答題。

112年

112年機械製圖實習考了16題，課程標準有9單元，各章節均有題目出現，整體機械製圖實習試卷難易度適中，章節重點掌握確實，取材版本平均，視圖線型粗細之細節皆有注意且重視，其中觀念題的題幹文字敘述淺顯易懂，但識圖題有難度，平時識圖練習過少要拿高分不容易，需具備良好的製圖與識圖能力及細心度，才能拿取較高分數，鑑別度稍低。

今年題目在第五單元正投影識圖與製圖跟往年一樣，為重點章節出題數較多有4題。製圖題目容易的題型約有6題；中等的題型約有6題；較難的題型約有4題（第37、38、45、46題）。近年均未考複斜面輔助視圖繪製相關題型，但今年有出1題。另外，第48題至第50題塞規檢測、加工與裝配之素養試題，融合機械製造與機械製圖實習跨領域試題整合，自108課綱以來，首度出現素養與閱讀題型，除了要具備閱讀理解能力外，也將企業設計與製造加工實務過程會遭遇的問題納入試題中，藉以綜合判斷理解應用能力，未來應會朝向出現類似題型的趨勢，以符合108素養教學之精神。

一般同學在16題中應該可答對8題以上，細心認真之同學可答對13題以上，跟去年相比較易答題。

第1單元 工程圖認識

重點導讀

機械製圖實習學科要得高分，製圖實習課學習的態度十分重要，製圖工具、製圖流程與方法隨時都存在我們實習課的周遭，把它視為專業能力的一部分，統測時它必定用分數來回饋你。未來命題方式仍是以「專業知識」為主，「識圖」為輔的命題方式。本單元的基本知識就是著重在工程圖之種類、規範與圖紙的規格，歷年來統測考題皆有出現，要拿下分數並不困難，好的開始就是成功的一半，加油！

1-1 工程圖之重要性

一、工程圖之重要性

(一) 工程圖為工業界重要之工程語言，是設計與製造間溝通的媒介，也是共通之「萬國語言」。

(二) 製圖為工程界彼此溝通觀念、傳遞構想的媒介，機械製圖即是研究適用於機械方面之工程語言，土木建築製圖即是研究適用於土木建築方面之工程語言。

二、製圖意涵

(一) 製圖的目的：識圖、製圖。

(二) 製圖的要素：線條、字法。

(三) 製圖的要求：正確、迅速、清晰與整潔。

(四) 製圖的方法：徒手畫、儀器畫、電腦輔助製圖。

1-2 工程圖之種類

一、按製圖過程分類

(一) 草圖：又稱構想圖或設計圖，設計者常以徒手畫方式。

(二) 原圖：以鉛筆將設計者之草圖用儀器畫方式繪製在圖紙上之工程圖。

(三) **描圖**：又稱第二原圖，以鉛筆或上墨方式將原圖描繪在描圖紙上，可曬製成藍圖。

(四) **藍圖**：將描圖放在特製的感光紙上，用強光曬成藍底的工作圖，供現場操作使用。

二、按製圖圖面用途分類

(一) **設計圖**：為設計者初步構想之圖，作為繪製工作圖之基礎。

(二) **工作圖**：為提供現場施工所用之圖。圖上標示一切與施工有關之項目，主要由「組合圖」與「零件圖」所組成。

(三) **零件圖**：為單一零件的完整之圖面，需有詳細形狀、尺度、精度、公差、配合狀況、材料種類、加工方法、表面織構符號等項目，又稱「分解圖」，如圖1-1所示。

$$5\sqrt{^{Ra\,12.5}}(\sqrt{})$$

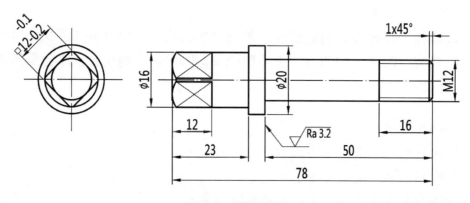

圖1-1　零件圖

(四) **組合圖**：又稱「裝配圖」，表示各機械或產品的構造、機件裝配時相關位置及操作保養等目的所使用之圖面。各機件以件號分別註明，以便與零件圖對照，如圖1-2所示。

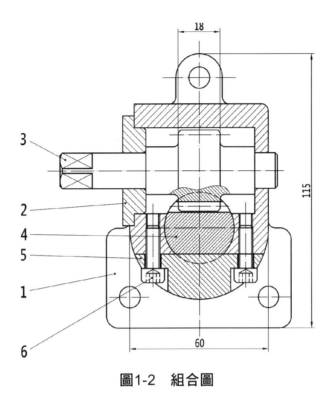

圖1-2　組合圖

(五) **詳圖**：將機件或某部分機件，用倍尺或足尺（1：1）的比例畫出詳細之結構圖。

(六) **流程圖**：表示製造加工的進行過程或步驟順序之圖。

(七) **管路圖**：表示輸送液體或氣體之管線工作圖。

(八) **說明圖**：用以解說機械各種性能、使用、安裝程序、保養方法之圖，大都用於產品目錄、保養手冊、說明書中。

三、按製圖方法分類

(一) **徒手繪圖**：即草圖，不使用製圖儀器，以徒手繪製之圖。

(二) **儀器繪圖**：使用製圖儀器，按照一定比例及尺度所繪製之精確圖面。

(三) **電腦繪圖**：將機件圖形以程式指令及數據輸入電腦，而由繪圖機繪出之圖，為CAD（Computer Aided Design）重要之一部分。

牛刀小試

（　　）**1** 下列有關工程圖的敘述，何者<u>不正確</u>？　(A)學習工程圖的目的為製圖與識圖　(B)製圖標準規範是工程圖的繪製準則　(C)工

作圖是為了說明機械或產品的構造、裝配及操作保養等目的所使用之圖面　(D)零件圖是描述零件的詳細形狀、尺度、配合狀等，以供零件製造所需之圖面。　　　　　　　　【107統測】

(　　) **2** 工程圖可依照內容或用途進行分類，下列工程圖種類，何者正確？

(A)平面管路圖　　　　　　　(B)立體系統圖

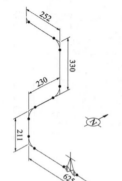
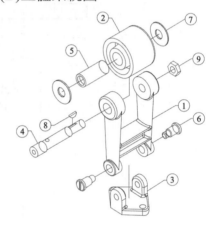

(C)局部縮小圖　　　　　　　(D)立體零件圖

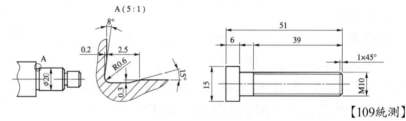

【109統測】

───── 解答與解析 ─────

1 **(C)**。組合圖是為了說明機械或產品的構造、裝配及操作保養等目的所用之圖面。

2 **(B)**。(A)為立體管路圖。(C)為局部放大圖。(D)為平面零件圖。

1-3 │ 工程圖之規範

一、中華工程圖之規範

(一) 中華民國國家標準（英文名稱Chinese National Standards，縮寫CNS）。

(二) 每種標準都有總號，並可冠以CNS。

二、常見其他各國工業標準

各國之工業標準	英文代號	英文字全銜及代號字母
中華民國國家標準	CNS	Chinese National Standards
國際標準化組織	ISO	International Organization for Standardization
國際標準制（公制）	SI	Systeme International
日本工業標準	JIS	Japanese Industrial Standards
美國國家標準協會	ANSI	American National Standards Institute
美國汽車工程學會	SAE	Society of Automotive Engineers
美國鋼鐵協會	AISI	American Iron and Steel Institute
英國標準協會	BS	British Standards Institution
德國工業標準	DIN	Deutsche Industrie Normen
法國規格	NF	Norme Francaise
歐洲標準委員會	CEN	European Committee for Standardization

1-4 圖紙之規格

一、製圖紙種類

(一) 製圖紙常用者為「普通製圖紙」、「描圖紙」及「方格紙」三種。

(二) 普通製圖紙，常用者為道林紙或模造紙。

(三) 舊制紙張計量單位為「令」，500張「全開」圖紙為「一令」，「一令」紙張重量之磅數為舊制紙張計量規格。

(四) 新制紙厚以「GSM」或「gsm」稱之，表示**每平方公尺多少克重量**（g/m^2）稱之。

(五) 普通紙厚度單位GSM（gsm）亦即為一張A0製圖紙之重量，因為A0面積為1平方公尺（$1m^2$）。

(六) 製圖紙常用者為120～200g/m^2（gsm）。

二、描圖紙

(一) 描圖紙是一種半透明，韌性佳且較薄。

(二) 描圖紙市面上有以整卷出售，亦有照規格大小裁好者。

(三) 描圖紙紙厚以g/m^2為規格，以「GSM」或「gsm」表示，常用者為40～95g/m^2。

三、圖紙規格

(一) 圖紙一般區分為「A系列」及「B系列」兩者。製圖採「A系列」為主。

(二) A0的面積為$1m^2$，B0 的面積為$1.5m^2$。

(三) 圖紙長度與寬度之比均為$\sqrt{2}:1$，如圖1-3所示。

(四) A0的面積為A1面積的2倍，A1的面積為A2面積的2倍，依此類推，如圖1-4所示。

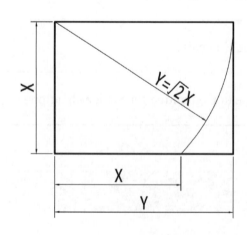

圖1-3　圖紙長寬比

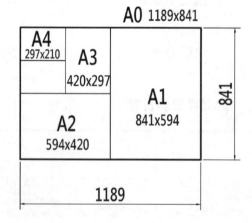

圖1-4　圖紙裁切

(五) 依CNS5紙張尺度（裁切後）標準規定，如表1-1所示：

表1-1 圖紙尺度（單位mm）

系列	0	1	2	3	4
A	1189×841	841×594	594×420	420×297	297×210
B	1456×1030	1030×728	728×515	515×364	346×257

四、製圖紙之要求

(一) 圖紙必須紙質堅韌，畫線後不易凹陷，橡皮擦拭不起毛，上墨時不易滲透和擴散，以及紙面不耀目者為佳。

(二) CNS規定製圖用紙採A系列規格，橫式、縱式均適用。

(三) 標準圖紙可延伸，若需較A0更大的圖紙，其大小可採用A0的兩倍。

五、圖框大小

(一) 圖框目的：在使圖面複製或印刷時能定位準確。

(二) 圖框尺度：隨圖紙大小而異，如表1-2所示。

(三) 圖框區分：「裝訂式」與「不裝訂式」兩種，如圖1-5所示。

(四) 需裝訂成冊的圖，左邊圖框線應離紙面邊25mm。

(五) 圖框線為粗實線，圖框線不可當作尺度界線及輪廓線使用，當視圖尺度太大時，視圖不可畫到圖框外。

表1-2 圖框尺度（單位mm）

格式	A0	A1	A2	A3	A4
不裝訂 a	15	15	15	10	10
需裝訂 b	25	25	25	25	25

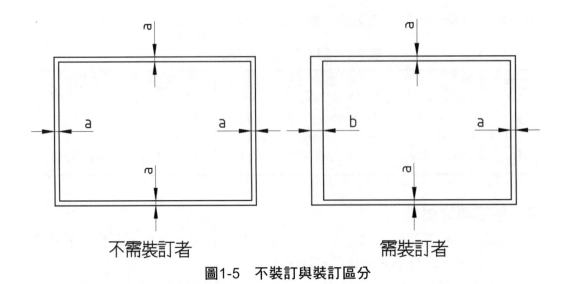

不需裝訂者 　　　　　　　　　　需裝訂者

圖1-5　不裝訂與裝訂區分

六、標題欄格式

(一) 標題欄位置：在圖框線內右下角。

(二) 標題欄應包括以下內容：圖名、圖號、單位機構名稱、設計、繪圖、描圖、校核、審定等人員姓名及日期、投影法（以文字或符號表示）、比例、一般公差等。

(三) 舊制標題欄大小為55mm×175mm。

七、零件表

(一) 零件表可加在標題欄上方，其填寫順序由下而上。

(二) 零件表內容應包括：件號、名稱、件數、材料、規格、備註等。

(三) 零件表若另用單頁書寫，其填寫順序由上而下。

(四) 單頁書寫之外零件表內容應包括：件號、名稱、件數、圖號、材料、規格、重量、備註等。

八、更改欄

(一) 更改欄之形式，更改次數序號以1，2，3，……表示之。

(二) 交付工廠後的工作圖，若圖面需要進行設計變更時，須將原尺度用雙線劃去並在新尺度數字旁加註正三角形的更改記號及號碼。

(三) 更改欄填寫順序由下而上，常位於標題欄左側或標題欄附近。

(四) 更改符號內的數字為更改次數，例如 ⟁3 表示更改第三次。

九、圖紙摺疊

(一) 較A4大的圖紙摺成A4大小。

(二) 圖紙摺後圖的標題欄摺在上面,以便查閱及保存。

(三) 以必需裝訂而言,A0摺成A4大小時,共要摺成9次。A1摺成A4大小時,要摺成6次。A2摺成A4大小時,要摺成4次。A3摺成A4大小時,要摺成2次。

(四) 以不需裝訂而言,A0摺成A4大小時,共要摺成5次。A1摺成A4大小時,要摺成3次。A2摺成A4大小時,要摺成2次。A3摺成A4大小時,要摺成1次。

十、圖面分區法

(一) 為方便圖面內容搜尋,將圖框做偶數分格,如圖1-6所示。

(二) 縱向為大寫英文字母,橫向為阿拉伯數字,區域代號寫法「先縱後橫」如:B2。

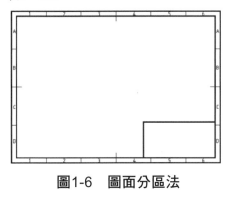

圖1-6　圖面分區法

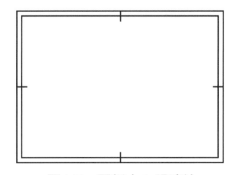

圖1-7　圖紙中心記號法

(三) 為方便複製時能準確定位,中心記號線為粗實線,向圖框內延伸約5mm,如圖1-7所示。

牛刀小試

( ) **1** CNS公制之A0圖紙,若長邊為X、短邊為Y,則X與Y的關係為何? (A)X=Y (B)X=$\sqrt{2}$Y (C)X=$\sqrt{2/3}$Y (D)X=2Y。　　　【105統測】

( ) **2** 依據CNS的規定,對於需裝訂成冊之圖紙,若其圖框之水平邊×直立邊之尺度為385×277mm,則該圖紙格式為下列何者? (A)A1 (B)A2 (C)A3 (D)A4。　　　【106統測】

(　　) **3** 有關工程用圖紙的敘述，下列何者正確？ 　(A)A0圖紙如須裝訂成冊，則裝訂邊離圖紙左側10mm 　(B)A1圖紙可裁剪成5張之A3圖紙 　(C)描圖紙厚薄之規格單位為：g/mm^2 　(D)A規格圖紙長邊為b、短邊為a，其關係為b＝a$\sqrt{2}$ 。 　　　　　【108統測】

―――― **解答與解析** ――――

1 (B)。 CNS公制之A0圖紙，長邊為短邊$\sqrt{2}$倍。

2 (C)。 水平邊之尺度×直立邊之尺度=(385+25+10)×(277+10+10)=420×297，屬於A3圖紙格式。

3 (D)。 (A)A0圖紙如須裝訂成冊，則裝訂邊離圖紙左側25mm。(B)A1圖紙可裁剪成4張之A3圖紙。(C)描圖紙厚薄之規格單位為：g/m^2。

NOTE

考前實戰演練

(　) 　**1** 學習製圖的目的在於？　(A)識圖　(B)畫圖　(C)學習畫圖技巧　(D)識圖與製圖。

(　) 　**2** 製圖的要素是指？　(A)線條與尺度　(B)尺度與字法　(C)線條與字法　(D)線條與註解。

(　) 　**3** 製圖之首重要求是？　(A)正確　(B)清晰　(C)迅速　(D)整潔。

(　) 　**4** 製圖之方法可分為？　(A)正投影與斜投影　(B)一點透視與二點透視　(C)鉛筆畫與上墨畫　(D)儀器畫、徒手畫、電腦製圖。

(　) 　**5** 機械組合完成後，用來表示各機件裝配位置之圖？　(A)安裝圖　(B)組合圖　(C)詳圖　(D)流程圖。

(　) 　**6** 何種圖為現場操作者所使用？　(A)草圖　(B)原圖　(C)描圖　(D)藍圖。

(　) 　**7** 半透明韌性良好之薄紙，可用鉛筆或針筆繪製，亦可用以曬製藍圖是為？　(A)道林紙　(B)方格紙　(C)描圖紙　(D)感光紙。

(　) 　**8** 有關製圖的說明，下列敘述何者<u>不正確</u>？　(A)識圖與製圖是學習製圖的目的　(B)製圖的首要要求是正確　(C)製圖的要素是尺度與字法　(D)藍圖是現場操作者所使用的圖面。

(　) 　**9** 有關各國統一規格之代號何者<u>不正確</u>？　(A)CNS中華民國國家標準　(B)JIS日本工業標準　(C)DIN德國國家標準　(D)AIDS美國工業規格。

(　) 　**10** 中華民國國家標準規定標準圖紙的大小為？　(A)A系列規格　(B)B系列規格　(C)C系列規格　(D)D系列規格。

(　) 　**11** A0圖紙可裁成A3？　(A)2張　(B)4張　(C)8張　(D)16張。

(　　) **12** 有關圖紙的規定，下列何者正確？　(A)一般摺成A3大小　(B)裝訂式折疊A1圖紙，需摺6次成A4圖紙大小　(C)不裝訂的A4圖紙圖框線距離紙邊皆為15mm　(D)A1圖紙的長邊為A3圖紙長邊的4倍。

(　　) **13** 有關圖紙摺疊，下列敘述何者正確？　(A)可隨意摺成適當大小　(B)圖紙標題欄必須摺在上面　(C)一般摺成A5大小　(D)圖的標題欄應摺在裏頁。

(　　) **14** 有關零件表，下列敘述何者<u>不正確</u>？　(A)可加在標題欄上方　(B)不可另用單頁書寫　(C)填寫次序可由下而上　(D)件號是零件表的項目之一。

(　　) **15** 草圖又稱構想圖，能快速表達物件，常以下列何者方式呈現？　(A)徒手畫　(B)儀器畫　(C)電腦畫　(D)徒手搭配儀器畫。

(　　) **16** 下列敘述何者<u>不正確</u>？
(A)工程圖紙之摺疊裝訂成冊，一般摺成A4為原則，所以A0的圖紙應摺10次
(B)電腦輔助設計製圖便於圖面的修改、複製、清除
(C)工作圖之內容分為組合圖與零件圖
(D)機械製圖的公制基本單位是 mm。

(　　) **17** 有關圖紙規格，下列敘述何者<u>不正確</u>？　(A)CNS採用A系列　(B)圖紙厚薄以每平方公尺克之重表示（GSM）　(C)A0圖紙面積為 $1m^2$　(D)50GSM紙比80GSM紙厚。

(　　) **18** 裝訂成冊的A3與A4圖紙，其左邊與另外三邊的圖框線距紙邊尺度各為？　(A)20、10mm　(B)25、15mm　(C)20、15mm　(D)25、10mm。

(　　) **19** 有關圖框大小的敘述，下列何者<u>不正確</u>？　(A)A2無裝訂之圖框大小為564×390　(B)A2需裝訂之圖框大小為554×390　(C)A3無裝訂之圖框大小為390×277　(D)A3需裝訂之圖框大小為385×277。

( )　**20** CNS標準中，關於圖紙的說明，下列敘述何者<u>不正確</u>？　(A)A0的面積為1m^2　(B)長邊為短邊的$\sqrt{2}$倍　(C)A1的長寬各為A0長寬的$\frac{1}{2}$　(D)一張A0紙大小相當於8張A3紙大小。

( )　**21** 有關製圖紙的敘述，下列何者<u>不正確</u>？　(A)A0圖紙的長邊尺度為短邊尺度的2倍　(B)一張A1圖紙可裁切成4張A3圖紙　(C)A1圖紙的大小規格為841mm×594mm　(D)80g/m^{2}規格之圖紙，指單張A0大小圖紙重量為80公克。

( )　**22** 關於製圖紙的描述，下列何者<u>不正確</u>？　(A)A0紙張的面積約為1m^2　(B)A系列尺度，寬與長之比為1：$\sqrt{2}$　(C)圖紙的厚度以kg/m^{2}表示　(D)B0紙張的面積約1.5m^2。

( )　**23** 圖紙A2規格的面積是A4規格圖紙的？　(A)0.5倍　(B)2倍　(C)4倍　(D)8倍。

( )　**24** 目前工程製圖繪製方式的主要趨勢是？　(A)徒手畫　(B)製圖儀器繪製　(C)電腦製圖　(D)徒手畫與儀器畫搭配使用。

( )　**25** 何種圖又稱第二原圖，以鉛筆或上墨方式將原圖描繪上，可曬製藍圖？　(A)草圖　(B)實物圖　(C)描圖　(D)藍圖。

( )　**26** 工作圖主要分為兩類；一為組合圖，一為？　(A)零件圖　(B)結構圖　(C)裝配圖　(D)水電圖。

( )　**27** 表示單一零件或構件之圖，以為現場生產之用者為？　(A)零件圖　(B)說明圖　(C)部分組合圖　(D)安裝圖。

( )　**28** 現代公制採用國際制，亦即？　(A)CNS制　(B)ISO制　(C)JIS制　(D)SI制。

( )　**29** 電腦輔助製造一般簡稱為？　(A)FMS　(B)CNC　(C)CAD　(D)CAM。

( )　**30** 將描圖放在特製的感光紙上，用強光曬成藍底的工作圖，供現場操作者所使用為何者？　(A)草圖　(B)原圖　(C)描圖　(D)藍圖。

( ) **31** 用來表示各機件裝配位置為下列何者之圖面？ (A)安裝圖 (B)組合圖 (C)詳圖 (D)流程圖。

( ) **32** 用倍尺或足尺的比例將機件某部位畫出詳細之結構圖，為下列何者圖面？ (A)藍圖 (B)詳圖 (C)描圖 (D)原圖。

( ) **33** 圖紙上標題欄內<u>不包含</u>？ (A)圖名 (B)單位機構名稱 (C)圖例 (D)比例。

( ) **34** 尺度修改時，須將原尺度用雙線劃去，而將新尺度寫在其附近，並加註更改符號及號碼，其符號為？ (A)$\sqrt{}$ (B)$\triangle\!\!\!1$ (C)$\boxed{1}$ (D)$\textcircled{1}$。

( ) **35** 我們用的大型印表機紙，A4規格的大小為297mm×210mm，請問A2規格的大小為多少mm？ (A)297×420 (B)420×210 (C)594×420 (D)594×297。

( ) **36** 依據CNS的規定，對於需裝訂成冊之圖紙，若其圖框之水平邊×直立邊之尺度為801×564mm，則該圖紙格式為下列何者？ (A)A1 (B)A2 (C)A3 (D)A4。

( ) **37** CNS公制A4圖紙有裝訂邊之圖框大小，圖框之水平邊×直立邊為多少mm？ (A)297×210 (B)262×190 (C)287×190 (D)262×200。

( ) **38** 有關更改欄的說明，下列敘述何者<u>不正確</u>？ (A)更改欄內的填寫順序由下而上 (B)更改符號內的數字為更改次數 (C)更改符號為倒三角形 (D)若更改的尺度過多，可將原圖作廢，另繪新圖。

( ) **39** 為方便圖面內容搜尋，常將圖框做成下列何者？ (A)偶數分格 (B)奇數分格 (C)不等距分格 (D)等比級數分格。

( ) **40** 為方便複製時準確定位而設，中心記號線為粗實線，向圖框內延伸約多少mm？ (A)15mm (B)10mm (C)5mm (D)1mm。

（　） **41** 一般機械圖上，公制的長度單位是？　(A)公尺　(B)公寸　(C)公分　(D)公厘。

（　） **42** CNS標準圖紙A3的大小，其短邊長度為297mm，長邊長度應為？
(A)540mm　(B)480mm　(C)450mm　(D)420mm。　【93統測】

（　） **43** 依照CNS規範，A0規格圖紙面積為1m^2，則可推算A4規格圖紙面積為若干？　(A)0.0625m^2　(B)0.25m^2　(C)2m^2　(D)4m^2。　【94統測】

（　） **44** 依CNS製圖用紙規定，若圖紙要裝訂成冊，則左邊的圖框線需離紙邊多少距離？
(A)10mm　(B)15mm　(C)20mm　(D)25mm。　【94統測】

（　） **45** 有關圖框與圖框線的敘述，下列敘述何者正確？　(A)圖框線為粗實線　(B)圖框線可當作尺度界線使用　(C)圖框線可當作輪廓線使用　(D)當視圖尺度太大時，視圖可畫到圖框外。　【94統測】

（　） **46** 有關A系列圖紙的規格敘述，下列敘述何者正確？　(A)A0圖紙的長邊為短邊的3倍　(B)A0圖紙的長邊為A1圖紙長邊的2倍　(C)A1圖紙的面積為A3圖紙面積的3倍　(D)A1圖紙的面積為A3圖紙面積的4倍。　【95統測】

（　） **47** 在CNS工程製圖標準中，下列何者為最正確？　(A)A1規格圖紙可裁成4張A4規格圖紙　(B)1：6為常用的機械製圖比例　(C)製圖比例5：1代表實物長度為圖示長度的5倍　(D)A0規格圖紙長邊之長度約為A2圖紙長邊長度的2倍。　【96統測】

（　） **48** 以A3圖紙繪製工程圖，如須裝訂成冊，則左邊（裝訂邊）之圖框線應距離圖紙左側邊緣多少mm？　(A)15　(B)20　(C)25　(D)30。　【97統測】

（　） **49** 有關圖紙的規格，下列敘述何者不正確？　(A)圖紙的厚薄係以每張為一平方公尺之克重表示　(B)A3圖紙的尺度大小為210×297mm　(C)圖紙之長邊尺度為短邊的$\sqrt{2}$倍　(D)如需裝訂成冊之A4圖紙，其左邊圖框線應離紙邊25mm。　【100統測】

( ) **50** 有關工程圖之敘述，下列何者正確？ (A)工作圖係設計者用來表示初步構想與規劃所繪出的圖面 (B)我國工程製圖的規範必須完全依據ISO標準 (C)工程圖的繪圖方式僅以儀器畫和電腦畫二種 (D)若比A4較大之圖紙通常可摺成A4大小，以便置於文書夾中或裝訂成冊。 【101統測】

( ) **51** 有關零件表的規範，下列敘述何者正確？ (A)加在標題欄上方的零件表，其填寫次序是由上而下 (B)零件表之件數欄是指該零件號碼 (C)圖號是零件表的項目之一 (D)零件表可另用單頁書寫。【102統測】

( ) **52** CNS公制A2圖紙有裝訂邊之圖框大小，圖框之水平邊×直立邊為多少mm？ (A)554×400 (B)554×390 (C)564×390 (D)564×400。 【104統測】

( ) **53** CNS公制之A0圖紙，若長邊為X、短邊為Y，則X與Y的關係為何？ (A)X=Y (B)X=$\sqrt{2}$Y (C)X=$\sqrt{3/2}$Y (D)X=2Y。 【105統測】

( ) **54** 依據CNS的規定，對於需裝訂成冊之圖紙，若其圖框之水平邊×直立邊之尺度為385×277mm，則該圖紙格式為下列何者？ (A)A1 (B)A2 (C)A3 (D)A4。 【106統測】

( ) **55** 下列有關工程圖的敘述，何者<u>不正確</u>？ (A)學習工程圖的目的為製圖與識圖 (B)製圖標準規範是工程圖的繪製準則 (C)工作圖是為了說明機械或產品的構造、裝配及操作保養等目的所使用之圖面 (D)零件圖是描述零件的詳細形狀、尺度、配合狀況等，以供零件製造所需之圖面。 【107統測】

( ) **56** 有關工程用圖紙的敘述，下列何者正確？ (A)A0圖紙如須裝訂成冊，則裝訂邊離圖紙左側10mm (B)A1圖紙可裁剪成5張之A3圖紙 (C)描圖紙厚薄之規格單位為：g/mm^2 (D)A規格圖紙長邊為b、短邊為a，其關係為b = a$\sqrt{2}$。 【108統測】

( )　**57** 工程圖可依照內容或用途進行分類，下列工程圖種類，何者正確？

(A)平面管路圖　　　　　　　(B)立體系統圖

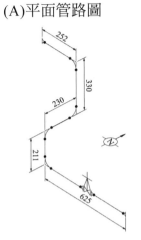
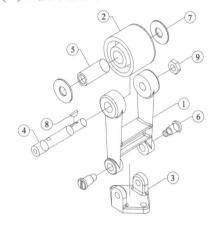

(C)局部縮小圖　　　　　　　(D)立體零件圖

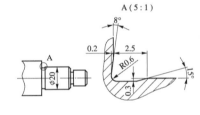
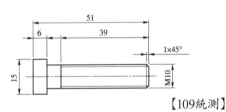

【109統測】

( )　**58** 關於工程圖學之敘述，下列何者正確？　(A)圖紙1張A1規格之紙張面積等於4張A4規格之紙張面積　(B)圖紙需裝訂成冊時，則左邊的圖框線應離紙邊25mm　(C)國際標準化組織簡稱ANSI　(D)標題欄通常置於圖紙的左上角，以便查閱圖面的基本資料。　　　　　　　　　　　　　　　　　　　　　　　　　　　【110統測】

( )　**59** 關於工程圖的認識，下列何者正確？　(A)電腦輔助製圖簡稱CAM　(B)設計者常以徒手繪製構想圖　(C)中華民國國家標準簡稱ISO　(D)圖紙厚薄的單位為kg/m^2。　　　　　　　　　　　　　　【111統測】

( )　**60** 有關工程製圖之敘述，下列何者正確？　(A)工程圖不包括機械說明圖　(B)工程圖包括機械製圖之零件圖　(C)「國際標準化組織」的英文縮寫IOS　(D)「中華民國國家標準」的英文縮寫CAS。　　　　　　　　　　　　　　　　　　　　　　　　　　　【112統測】

製圖設備與用具

本單元主要是在談製圖設備與使用，歷年來模擬考與統測考題皆有出現，命題重點著重在製圖設備、用具與其使用之方法以及各式模板與使用之方法，尤其是製圖設備中的鉛筆軟硬等級為歷屆以來都很常出現的考題，所以只要把握住這基礎單元應不難得分，切記，基本分是不容許有一絲閃失的。

2-1 製圖設備與使用

2-1-1 製圖桌椅

一、製圖桌

(一) 製圖桌由製圖架、製圖板及塑膠墊片組成，專供繪圖用。

(二) 製圖桌應置於光源充足處，宜使光源由左上方照入。

(三) 製圖桌高度約92cm～108cm。

(四) 製圖桌角度可作0°～75°調整，傾斜度以1：8為宜。

二、製圖板

(一) 製圖板用於製圖用，一般以經乾燥處理，不生變形之檜木或白松木製成，不可使用光滑壓克力板及美耐板。

(二) 製圖板左右兩端鑲以直紋硬木或金屬條，作為導邊以及防止圖板彎曲變形。

2-1-2 萬能繪圖儀

一、萬能製圖儀器

(一) 萬能製圖儀是一種集合丁字尺、三角板、比例尺、量角器等功能於一身之新型優良儀器。

(二) 萬能製圖儀有懸臂式與軌道式兩種，利用平行運動機構原理製成。

二、圖紙固定的方法

(一) 使用丁字尺的圖桌固定圖紙，圖紙應置於左下方位置，離圖板左邊及下邊均各約100mm左右。

(二) 使用萬能製圖儀的圖桌固定圖紙，則將圖紙置於圖板的中央偏下方。

2-2 │製圖用具與使用

2-2-1 製圖用筆

一、鉛筆等級

(一) 從硬至軟分別為9H～3H、2H、H、F、HB、B、2B～7B，共分18級。

(二)「H」代表硬、細、顏色較淡。「B」代表軟、粗、顏色較黑。

(三) 硬性類為9H～4H，中性類為3H～B，軟性類為2B～7B。

(四) 繪底稿利用3H、2H、H；描圖、寫字利用H、F、HB；圓規筆蕊利用F、HB。

二、製圖鉛筆

(一) 填心鉛筆筆心不須研磨，筆心粗細常用0.35、0.5、0.7mm三種。

(二) 鉛筆勿削有等級記號端。

(三) 使用鉛筆畫線時，沿畫線方向前傾60°，錐形筆尖則一面畫線一面略為旋轉筆桿以保持尖銳度，使線段均勻粗細一致。

三、鴨嘴筆

(一) 鴨嘴筆係用以上墨時，畫直線及各種曲線之工具，不可用來寫字。

(二) 鴨嘴筆畫線時筆桿略向進行的方向傾斜60°左右，但筆身與紙面垂直。

(三) 鴨嘴筆筆尖以橢圓形為最佳。

四、針筆

(一) 針筆以三支（粗、中、細）為一組，用於畫線與寫字，每支針筆僅能畫一種粗細的線條。

(二) 針筆規格依ISO規定（稱為$\sqrt{2}$系列，各級比例為1：$\sqrt{2}$）。

(三) 0.7的針筆表示該筆畫出來的線條粗細為0.7mm。

(四) 畫線時，筆桿往畫線方向傾斜約80°～85°，筆身維持與紙面90°垂直。

牛刀小試

( ) 徒手畫時應使用何種軟硬等級（由硬到軟）的鉛筆較適宜？
(A)9H到6H (B)H到B (C)5H到2H (D)3B到6B。 【107統測】

────── 解答與解析 ──────

(B)。 徒手畫時應使用中性類H到B等級的鉛筆較適宜，如H、F、HB、B等級。

2-2-2　丁字尺、平行尺與三角板

一、丁字尺

(一) 丁字尺是由尺頭及尺身所組成，有固定式及活動式兩種。

(二) 丁字尺專用於**畫水平線**的工具。

(三) 丁字尺配合三角板可**畫垂直線與傾斜線**。

(四) 丁字尺主要要求為尺身平直，且尺身與尺頭要垂直。

二、平行尺

(一) 平行尺與丁字尺功能相同，平行尺無尺頭部分，尺身則以尼龍線或鋼線固定。

(二) 平行尺畫平行線甚理想。

三、三角板

(一) 三角板兩片一組，一片為45°×45°，另一片為30°×60°。

(二) 三角板格規大小為45°的斜邊或60°的對邊。

(三) 一組三角板配合丁字尺，可繪出所有15°倍數的角度。

(四) **一組三角板可將一圓分成24等分，可將一半圓分成12等分，一片三角板可將一圓分成12等分。**

牛刀小試

(　　) 有關幾何製圖，下列敘述何者正確？　(A)利用丁字尺和三角板，可以畫出與水平夾角成40°的線段　(B)利用丁字尺和一45°三角板，可以畫出一圓的外切正六邊形　(C)兩圓無論外切或內切，其切點必在兩圓心之連心線或連心線之延長線上　(D)若有一圓與一直線外切，其切點與此圓心之連線不會與該直線垂直。　【105統測】

───**解答與解析**───

(C)。(A)利用丁字尺和三角板，只能畫出與水平夾角成15°倍數的線段。(B)利用丁字尺和一30°三角板，可以畫出一圓的外切正六邊形。(D)若有一圓與一直線外切，其切點與此圓心之連線會與該直線垂直。

2-2-3　圓規與分規

一、成套製圖儀器

成套製圖儀器包括：圓規、分規、鴨嘴筆（或針筆）等三大類為主。

二、圓規分類

(一) 點圓規：用來畫直徑6mm以下小圓或小圓弧。

(二) 彈簧規（弓形規）：用來畫直徑6～50mm之圓或圓弧。

(三) 普通圓規：用來畫直徑50～240mm之圓或圓弧，裝上延伸桿可畫直徑達400mm之大圓。

(四) 樑規：專用以畫大圓或大圓弧。

三、圓規使用注意事項

(一) 圓規之針腳稍長於筆腳。

(二) 圓規使用時不可直接將圓規在直尺或比例尺上量度，以免刻度受損。

(三) 圓規畫同心圓時，先畫小圓，再畫大圓。

(四) 圓規畫大圓時，須將圓規兩腳關節處彎曲，使兩腳與紙面成垂直。

四、分規

(一) 分規之兩腳皆為鋼針，且長度相同。

(二) 分規用來等分線段或量取長度，不能用來畫圓。

牛刀小試

(　) **1** 有關製圖設備與用具之敘述，下列何者不正確？　(A)丁字尺由尺身與尺頭組成，主要功能之一是繪製水平線　(B)分規之主要用途為繪製圓弧　(C)在製圖鉛筆的筆心軟硬等級中，4H級鉛筆的筆心比F級鉛筆的筆心硬　(D)量角器可用來測量角度或繪製角度。　【106統測】

(　) **2** 有關製圖設備的敘述，下列何者不正確？　(A)普通圓規常用於繪製半徑25～120mm之圓或圓弧　(B)鉛筆筆心硬度由大至小次序為2H、H、F、HB　(C)分規結構類似於圓規，其主要用途為畫圓與圓弧　(D)15度線可使用一組三角板配合丁字尺繪製而獲得。　【108統測】

─── 解答與解析 ───

1 **(B)**。分規之主要用途為等分線段與量取長度，不可繪製圓弧。

2 **(C)**。分規之主要用途為等分線段與量取長度，不能用來畫圓。

2-2-4　其他製圖用具

一、直尺

(一) 直尺為最簡單之度量工具,以鋼片或塑膠製成。

(二) 直尺長度以150mm或300mm較常用。

(三) 直尺公制以mm為單位。

二、量角器

(一) 用來量取已知的角度或欲繪製的角度。

(二) 圓形刻度為360°,半圓形為180°,最小刻度為1°。

(三) 量角器不可用於畫線或圓弧。

三、比例尺

(一) 比例尺為尺上有比例刻度者。

(二) 比例尺用於圖面需要放大或縮小比例者。

(三) 比例尺常呈三角形,每面有二種比例刻度,共有六種比例尺度。

(四) 比例尺常用刻度為1/100、1/200、1/300、1/400、1/500、1/600等六種。

(五) 比例尺不可拿來畫直線,以免磨損尺邊使刻度模糊。

四、橡皮擦

(一) 橡皮擦分硬質與軟質。

(二) 硬質用以擦除上墨線。

(三) 軟質用以擦除鉛筆線及紙面污垢。

五、擦線板

(一) 用於擦拭不要的線條或註解。

(二) 可用擦線板配合橡皮擦使用。

(三) 用擦線板時,將欲擦拭的線條置於擦線板適當形狀的板槽處,以橡皮擦拭。

2-3 │各式模板與使用

一、 曲線板
(一) 曲線板係由不規則曲線所構成，用來繪製圓及圓弧以外的各種曲線工具。
(二) 曲線板之外形是由漸開線、擺線、橢圓、雙曲線、拋物線，螺旋線等數學曲線以及其他不規則曲線所組成。
(三) 曲線板所配合之曲線長度一定要比所畫之長度較長。

二、 曲線條
(一) 目前大多採用可撓性曲線條來取代曲線板。
(二) 曲線條適於較大曲線繪製。
(三) 使用時，將曲線條彎曲成欲求之曲線形狀，並壓住曲線條畫出曲線。
(四) 繪製較長的曲線如公路、山坡地形圖時，運用曲線尺較曲線板方便迅速。

三、 圓圈板
(一) 圓圈板常由圓直徑1mm～36mm組成。
(二) 以直徑1mm為增量單位，可節省畫圓時間。

四、 等角橢圓專用板
(一) 為軸比率1：1.732，等角軸35°16'，畫直徑2～60mm之等角橢圓專用板。
(二) 可快速完成畫出正投影立體圖之等角圖的橢圓。

五、 字規
(一) 字規由英文字母、阿拉伯數字及常用符號組成，用來標示尺度及註解，增加圖面美觀。
(二) 字規以字體高度與線條粗細表示。
(三) 使用字規或模板應使筆和圖面保持垂直並緊靠字規或模板。

六、 字規與模板使用注意事項
(一) 使用字規或模板應使筆和圖面保持垂直並緊靠字規或模板。
(二) 使用模板時應對準中心及邊緣。
(三) 各式模板的種類及其目的是為節省繪圖時間、美觀、標準化。

2-4 | 電腦輔助製圖軟體與硬體設備

一、電腦輔助製圖

(一) 一般使用電腦來處理圖形或影像等視覺媒體表現的技術與形式，稱為電腦繪圖（Computer Graphic）。

(二) 利用電腦軟硬體做為製圖的輔助工具，稱為電腦輔助製圖（Computer Aided Drawing），簡稱CAD。

(三) 較常見的CAD軟體有：AutoCAD、SolidWorks、Inventor、Pro/Engineer、Solidedge、Cadkey、Catia等。不同的軟體其定位有所不同，特性也不同。

二、電腦輔助製圖種類

(一) 2D的製圖軟體提供兩度空間正投影多視圖的繪製為主。

(二) 3D的製圖軟體提供被繪物體在三度空間的幾何架構外，也能完整的提供三度空間幾何描述，除了幫助展現物體外，在電腦輔助製造（Computer Aided Manufacturing，簡稱CAM），提供相關資料協助設計及製造。

三、電腦輔助製圖軟體

(一) 常用系統軟體包括Windows 8、XP作業系統、Office 2010等。

(二) 製圖常用軟體包括AutoCAD、MDT 及Inventor軟體、Pro/Engineer軟體、SolidWorks軟體等。

四、電腦輔助製圖的優點

(一) 改善設計生產力。　　　　　　(二) 圖檔管理方便。

(三) 圖面資料清晰。　　　　　　　(四) 圖檔重製性高。

(五) CAD協同設計。　　　　　　　(六) CAD/CAM整合。

(七) 圖檔保存方便。

考前實戰演練

(　) **1** 用儀器畫垂直線正確之方向為？　(A)由上而下　(B)由下而上　(C)由左而右　(D)由右而左。

(　) **2** 一組30cm大小的三角板，是指？　(A)60°角之對邊長為30cm　(B)30°角之對邊長為30cm　(C)45°角之對邊長為30cm　(D)60°角之斜邊長為30cm。

(　) **3** 使用萬能繪圖儀器繪圖時，應將圖紙固定在製圖板的？　(A)左下方　(B)右下方　(C)正中央　(D)中央偏下方。

(　) **4** 鉛筆作水平移動時，為了使線條粗細均勻，應？　(A)稍微轉動　(B)改變方向　(C)用力調整　(D)保持穩定。

(　) **5** 萬能製圖儀可繪製幾度的斜線？　(A)10°　(B)15°　(C)30°　(D)任意角度。

(　) **6** 萬能製圖儀不具備下列何者之功能？　(A)角尺　(B)三角板　(C)丁字尺　(D)比例尺。

(　) **7** 利用一組三角板配合丁字尺能將180°之角等分為幾等分？　(A)18　(B)15　(C)12　(D)9。

(　) **8** 畫6～10mm之圓，所用的製圖用具為？　(A)普通圓規　(B)彈簧圓規　(C)樑規　(D)分規。

(　) **9** 使用模板繪製時，應使筆和圖面保持並緊靠模板？　(A)傾斜60°　(B)垂直　(C)傾斜75°　(D)任意傾斜。

(　) **10** 畫直線時，鉛筆與桌面的傾斜角度約為？　(A)30°　(B)45°　(C)60°　(D)70°。

(　) **11** 鴨嘴筆是用來？　(A)畫線　(B)寫字　(C)畫線與寫字　(D)縮放與寫字。

(　　) **12** 有關使用鉛筆製圖時，下列敘述何者<u>不正確</u>？　(A)依筆心硬度，可概分為硬質類、中質類、軟質類三類　(B)一般在工程圖上以採用中質類（3H～B）為居多　(C)畫線時，鉛筆需與運動方向成60°　(D)畫線時，絕對不可旋轉鉛筆。

(　　) **13** 有關製圖儀器，下列敘述何者<u>不正確</u>？　(A)HB鉛筆的筆芯，比H鉛筆的筆芯硬　(B)分規可用等分線段　(C)三角板與丁字尺配合使用，可以畫垂直線與平行線　(D)可使用樑規來畫大圓。

(　　) **14** 有關三角板的敘述，下列何者<u>不正確</u>？　(A)利用一片30°×60°×90°三角板，搭配丁字尺使用，最多可以將一圓分割成24等分　(B)利用一片45°×45°×90°三角板，搭配丁字尺使用，最多可以將半圓分割成4等分　(C)30°×60°×90°三角板之大小規格，係指60°角對邊之長度　(D)45°×45°×90°三角板之大小規格，係指45°角斜邊之長度。

(　　) **15** 有關製圖用具之敘述，下列何者正確？　(A)曲線板可用來繪製圓形　(B)85°之角度可用丁字尺與三角板繪製出　(C)分規和圓規的構造相同，筆腳可裝鉛筆　(D)可撓性曲線條可用來繪製較大的彎曲線。

(　　) **16** 有關三角板，下列敘述何者<u>不正確</u>？　(A)規格以刻劃尺度長度稱之　(B)可配合丁字尺畫任意斜線之平行線　(C)配合丁字尺畫垂直線是由上往下畫　(D)30°×60°長度尺度刻在60°角的對邊上。

(　　) **17** 有關製圖設備與用具之敘述，下列何者<u>不正確</u>？　(A)製圖鉛筆等級B、HB、H中，以H級筆心直徑最細　(B)萬能製圖儀可繪製任意角度的斜線　(C)用普通圓規可以繪製直徑550mm的圓弧　(D)一組三角板配合丁字尺最多可將一圓分成24等分。

(　　) **18** 有關製圖設備與用具之敘述，下列何者正確？　(A)曲線板可繪製漸開線、拋物線、雙曲線以及圓　(B)擦線板是用來清潔製圖桌上的橡皮擦屑　(C)針筆上墨，筆尖不須垂直紙面　(D)圓規主要用來畫圓和圓弧。

（　）　**19** 有關圓規的敘述，下列何者<u>不正確</u>？　(A)繪製直徑4mm的圓可用點圓規　(B)繪製直徑25mm的圓可用彈簧圓規　(C)繪製直徑600mm的圓弧可用普通圓規　(D)繪製直徑100mm的圓弧可用樑規。

（　）　**20** 有關畫較大之圓弧時，下列敘述何者<u>不正確</u>？　(A)可使用延伸桿　(B)應用樑規　(C)圓規兩腳之關節需彎曲，並與圖紙呈90°　(D)必需用彈簧圓規繪製。

（　）　**21** 有關製圖鉛筆，筆心由硬到軟等級排列，下列敘述何者正確？　(A)2H、F、B、2B　(B)2B、B、F、2H　(C)F、2B、2H、B　(D)B、2B、F、2H。

（　）　**22** 下列敘述何者正確？　(A)3B鉛筆比2H鉛筆硬　(B)鴨嘴筆是用來寫字的　(C)畫直徑6mm以下的小圓，可用點圓規　(D)上墨時，先直線，然後曲線、圓弧，最後才寫字。

（　）　**23** 有關圓規與分規的敘述，下列何者<u>不正確</u>？　(A)樑規是用來專門畫大圓的圓規　(B)點圓規是用來畫直徑6mm～50mm的圓　(C)分規閉合時兩腳針尖都要齊平　(D)分規不可以用來畫圓。

（　）　**24** 有關製圖儀器，下列敘述何者<u>不正確</u>？　(A)分規的功用為放大、縮小圖形　(B)105°之角度可用丁字尺與三角板畫出　(C)使用針筆時須注意筆尖垂直於紙面　(D)圓規筆蕊大都採用中質類。

（　）　**25** 下列敘述何者<u>不正確</u>？　(A)繪圖比例2：1為放大原物體　(B)繪圖比例1：4為縮小原物體　(C)三稜比例尺有三面，共有三種比例尺度　(D)比例尺依專業不同分機械、土木、電機與化工等多種專用比例尺。

（　）　**26** 有關製圖儀器，下列敘述何者正確？　(A)圓規用以量取長度及分割線段　(B)單獨使用丁字尺可用於畫垂直線　(C)曲線板係用以畫圓弧外之各種曲線　(D)比例尺可用於畫直線。

（　　）**27** 下列敘述何者<u>不正確</u>？　(A)在圖面上的1/2公分相當於實物的一公厘長，則其比例的標註法為5：1　(B)使用擦線板時，將欲擦拭的線條置於擦線板適當形狀的板槽處，以橡皮擦拭之　(C)可撓曲線規適合用來畫較小彎曲線　(D)使用模板時，要特別注意位置的對準和筆尖的垂直紙面。

（　　）**28** 關於電腦輔助製圖優點，下列敘述何者<u>不正確</u>？　(A)方便管理圖檔及保存圖檔　(B)提升設計生產能力　(C)不需滑鼠（或數位板）及鍵盤等硬體　(D)易於建立物料清單及資料庫。

（　　）**29** 關於電腦輔助製圖優點，下列敘述何者<u>不正確</u>？　(A)圖面資料清晰　(B)有效整合CAD/CAM　(C)圖檔重製性高　(D)不需使用合法軟體。

（　　）**30** 有關針筆，下列敘述何者<u>不正確</u>？　(A)其標稱尺度稱為$\sqrt{2}$系列尺度　(B)使用專用墨汁，最好原廠　(C)在畫細線條時，因為繪製不易，筆桿與紙面角度可任意傾斜　(D)墨水應填滿80%以上較宜，太多容易溢出。

（　　）**31** 模板是製圖時寫字的輔助工具，下列敘述何者<u>不正確</u>？　(A)書寫字體若講求品質，可使用字規；但徒手寫字則較節省時間　(B)圓板上的號數代表半徑尺度　(C)使用模板時，鉛筆或針筆筆尖要和紙張呈90°角狀態　(D)圓板、橢圓板、字規等通用模板外，各行業另有特殊用途的模板。

（　　）**32** 下列之鉛筆中畫出之線條最黑者為？　(A)4H　(B)3B　(C)HB　(D)H。

（　　）**33** 製圖所用之鉛筆，下列何者筆心最硬？　(A)2B　(B)HB　(C)2F　(D)2H。

（　　）**34** 有關於製圖桌，下列敘述何者<u>不正確</u>？　(A)其製圖板以不生變形之檜木或白松木製成　(B)製圖桌高度約92cm～108cm　(C)製圖桌可有高低調整　(D)製圖桌角度可作0°～90°調整。

(　　) **35** 有關製圖用具，下列敘述何者<u>不正確</u>？　(A)針筆每支僅能畫一種粗細　(B)鴨嘴筆筆身不與紙面垂直　(C)填心鉛筆之筆心不須研磨　(D)圓規筆蕊利用F、HB。

(　　) **36** 用以畫2mm之小圓選用？　(A)圓規　(B)彈簧圓規　(C)樑規　(D)圓圈板。

(　　) **37** 利用一組三角板配合丁字尺，可作成　(A)10°　(B)15°　(C)20°　(D)25°　倍數角度。

(　　) **38** 下列哪一種鉛筆最常於圖上寫字用？　(A)3B　(B)B　(C)H　(D)3H。

(　　) **39** 量角器的用法，下列敘述何者<u>不正確</u>？　(A)可繪製角度　(B)可畫圓弧　(C)可度量已知角度　(D)可作角度等分。

(　　) **40** 曲線板曲線構成，下列敘述何者<u>不正確</u>？　(A)漸開線　(B)擺線　(C)雙曲線　(D)直線。

(　　) **41** 使用萬能繪圖儀器繪圖時，應將圖紙固定在製圖板的？　(A)左下方　(B)右下方　(C)正中央　(D)中央偏下方。

(　　) **42** 下列何種角度無法利用三角板配合丁字尺作成？　(A)15°　(B)75°　(C)105°　(D)125°。

(　　) **43** 製圖時，下列敘述何者正確？　(A)以比例尺作為畫直線之規尺使用　(B)以分規刺針孔在畫板上　(C)曲線板可畫圓　(D)以三角板置於丁字尺之上邊畫垂直線。

(　　) **44** 使用0.5mm的針筆可繪製線條粗細為？　(A)0.25　(B)0.35　(C)0.5　(D)0.6　mm。

(　　) **45** 有關製圖設備，下列何者為最正確？　(A)分規用途為量測長度、等分線段與繪圖　(B)使用丁字尺與製圖用三角板的配合，可以繪製的最小角度為15°　(C)鉛筆筆心由軟到硬的順序排列為F、B、HB、H　(D)使用鉛筆畫線時，鉛筆沿畫線方向與圖面成90°交角。

【96統測】

(　　)　**46** 製圖所用之鉛筆，下列四種等級中何者筆心最軟？　(A)3B　(B)F　(C)2H　(D)HB。　　　　　　　　　　　　　　　　【97統測】

(　　)　**47** 下列之製圖鉛筆筆心，何者係以由軟至硬之順序排列？　(A)9H、H、F、7B　(B)B、3B、5B、7B　(C)4B、2B、4H、2H　(D)3B、HB、F、3H。　　　　　　　　　　　　　　　【98統測】

(　　)　**48** 下列有關製圖用鉛筆筆心等級之敘述，何者正確？　(A)4H級之硬度低於3H級　(B)2B級之硬度低於3B級　(C)F級之硬度高於HB級　(D)HB級之硬度高於H級。　　　　　　　　【99統測】

(　　)　**49** 有關製圖儀器的使用，下列何者正確？　(A)曲線板不可以用來描繪漸開線　(B)利用三角板配合丁字尺可繪製出245°的傾斜線　(C)分規可用來移量長度或等分線段　(D)繪圖比例為1：2.5，係以1：2的比例尺量取實物的長度，再以5：1的比例尺之相對長度繪製於圖紙上。　　　　　　　　　　　　　　　　　【102統測】

(　　)　**50** 用一組三角板與丁字尺配合畫傾斜線時，下列何種角度無法畫出？　(A)15°　(B)120°　(C)125°　(D)150°。　　　【103統測】

(　　)　**51** 有關製圖設備與用具之敘述，下列何者不正確？　(A)丁字尺由尺身與尺頭組成，主要功能之一是繪製水平線　(B)分規之主要用途為繪製圓弧　(C)在製圖鉛筆的筆心軟硬等級中，4H級鉛筆的筆心比F級鉛筆的筆心硬　(D)量角器可用來測量角度或繪製角度。　　　　　　　　　　　　　　　　　　　　　【106統測】

(　　)　**52** 徒手畫時應使用何種軟硬等級（由硬到軟）的鉛筆較適宜？　(A)9H到6H　(B)H到B　(C)5H到2H　(D)3B到6B。　　　【107統測】

(　　)　**53** 有關製圖設備的敘述，下列何者不正確？　(A)普通圓規常用於繪製半徑25～120mm之圓或圓弧　(B)鉛筆筆心硬度由大至小次序為2H、H、F、HB　(C)分規結構類似於圓規，其主要用途為畫圓與圓弧　(D)15度線可使用一組三角板配合丁字尺繪製而獲得。　　　　　　　　　　　　　　　　【108統測】

(　　) **54** 關於製圖設備與用具的敘述，下列何者正確？　(A)為求字體書寫一致，可使用中文工程字的字規　(B)製圖鉛筆筆心的硬度，可分為硬性與軟性二類　(C)將一線段分成若干長度等分，可使用圓規與模板配合　(D)用丁字尺與一組三角板，可繪出15°倍數角度的直線。　　　　　　　　　　　　　　　　　　【111統測】

(　　) **55** 有關製圖設備與用具之敘述，下列何者正確？　(A)製圖用具之分規功能主要用於畫圓及圓弧　(B)三角板可以配合丁字尺運用，畫出各種12°倍數的角度斜線　(C)實物長度為20mm，若圖面以10mm的長度繪製，則其比例為2：1　(D)萬能製圖儀是集丁字尺、三角板、量角器、直尺、比例尺等功能之製圖設備。　　　　　　【112統測】

NOTE

線條與字法

重點導讀

製圖的基本要素為線條與字法，本單元重點處為線條之種類、線條之儀器畫法、規格與用法，整體而言不算難，另外尺度基本組成與符號也不容忽視，有了第一單元工程圖認識及第二單元製圖設備與用具之基礎，要學習線條與字法應該是輕而易舉的事，機械製圖實習的各單元彼此有連結與互通，研讀一下即能發現相似之處，專業知識的累積也會不斷的提升。

3-1 線條之種類

一、線條的粗細

(一) 線條的粗細分為「粗線」、「中線」、「細線」三級。

(二) 同一張圖中所使用的粗線、中線、細線應有大致之比例關係。

(三) 以粗線尺度為準，中線約為粗線的2/3，細線約為粗線的1/3，如表3-1所示。

表3-1　線條粗細尺度（單位：mm）（為 $\sqrt{2}$ 系列）

粗線	1	0.8	0.7	0.6	0.5	0.35
中線	0.7	0.6	0.5	0.4	0.35	0.25
細線	0.35	0.3	0.25	0.2	0.18	0.13

二、線條的種類

CNS線條分為實線、虛線、鏈線三種，其式樣、畫法與用途，如表3-2及圖3-1所示。

表3-2　CNS線條規範

種類		式樣	線寬	畫法 （以字高h=3mm為例）	用途
實線		A ———————————	粗	連續線	可見輪廓線、圖框線等
		B ———————————	細	連續線	尺度線、尺度界線、指線、剖面線、圓角消失之稜線、旋轉剖面輪廓線、作圖線、折線、投影線、水平面等
		C ∿∿∿∿∿∿		不規則連續線（徒手畫）	折斷線
		D —————┴┴—————		兩相對銳角高約為字高（3mm），間隔約為字高6倍（18mm）	長折斷線
虛線		E — — — — — — —	中	線段長約為字高（3mm），間隔約為線段之1/3（1mm）	隱藏線
鏈線	**一點鏈線**	F —·—·—·—·—	細	空白之間格約為1mm，兩間隔中之小線段長約為空白間隔之半（0.5mm）	中心線、節線、基準線等
		G ▬·▬·▬·▬	粗		表示處理範圍
		H ▬·—·—┐·—·—·—·▬	粗細	與式樣F相同，但兩端及轉角之線段為粗，其餘為細，兩端粗線最長為字高2.5倍（7.5mm），轉角粗線最長為字高1.5倍（4.5mm）	割面線
	兩點鏈線	J —··—··—··—	細	空白之間格約為1mm，兩間隔中之小線段長約為空白間隔之半（0.5mm）	假想線

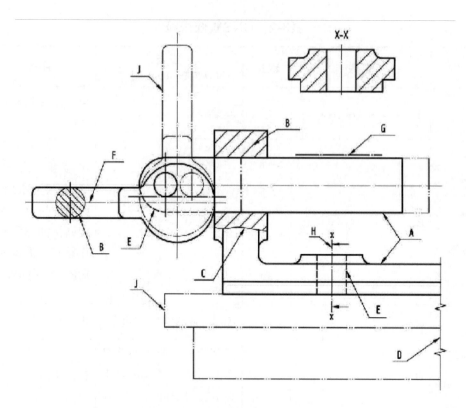

圖3-1　各形態線條之應用

三、虛線之起迄與交會

(一) 虛線用於被遮蔽物體的部分,此線條又稱為隱藏線。

(二) 除了虛線為實線的延長線須留間隙外,其他均維持相交。

(三) 虛線與實線成T形相接時,虛線之起點需與實線相接,如圖3-2(a)所示。

(四) 虛線為粗實線的延長時應留空隙,如圖3-2(b)所示。

(五) 虛線與其他線條交會應維持相交,如圖3-2(c)所示。

(六) 虛線圓弧部分之起迄點,要在切點上,如圖3-2(d)所示。

(七) 兩平行虛線若相距甚近應間隙錯開,如圖3-2(e)所示。

(八) 虛線弧為實線弧之延長時,應留空隙,如圖3-2(f)所示。

(九) 虛線與實線相交時,其交點接合處應維持正交,如圖3-2(g)所示。

(十) 圓之中心線交會應以長劃相交,如圖3-2(h)所示。

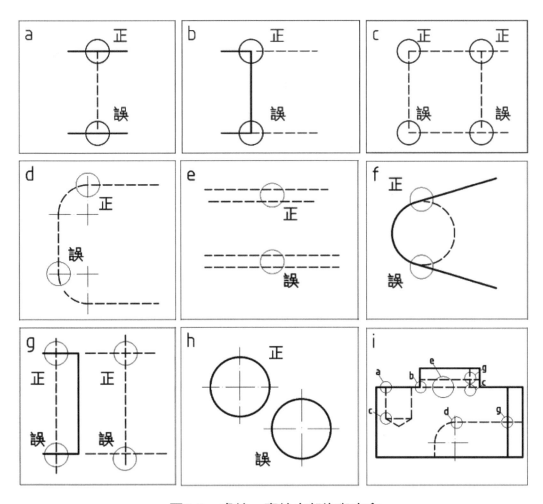

圖3-2 虛線、實線之起迄與交會

四、 線條重疊的優先次序

(一) 以表達可見之外形線為第一優先；表達隱藏內部之外形線者次之。

(二) 中心線與割面線重疊時，應視何者較能使讀圖方便而定其先後。

(三) 線條重疊時，均以較粗者為優先。

(四) 遇粗細相同時，則以重要者為優先。

(五) 折斷線之位置選擇應盡量不與其他線段重疊為原則。

(六) 尺度線不可與圖上之任何線段重疊。

(七) 實線、虛線須避免穿越尺度線。

(八) 遇粗細相同時以重要者為優先，重疊之優先次序如下：粗實線→虛線→
中心線（割面線）→折斷線→尺度線（尺度界線）→剖面線。

牛刀小試

( ) **1** 依據CNS的規定,虛線應用於下列何種線條之繪製? (A)隱藏線 (B)割面線 (C)尺度線 (D)可見輪廓線。 【106統測】

( ) **2** 繪圖時以中心線表示機件的對稱中心、圓柱中心、孔的中心等,一般使用何種線條繪製? (A)細鏈線 (B)細實線 (C)粗實線 (D)虛線。 【107統測】

( ) **3** 有關工程圖之線條交接繪製方式,下列何者正確?

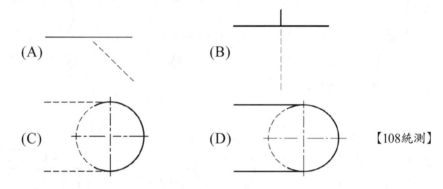

(A) (B)

(C) (D) 【108統測】

————— 解答與解析 —————

1 (A)。虛線屬於中線,用於隱藏線之繪製。

2 (A)。中心線為一點細鏈線。

3 (B)。(A)粗實線與虛線直接交接處應連接,不可留空隙。(C)虛線弧為實線弧之延長時,應留空隙。(D)虛線弧為實線弧之延長時,應留空隙。

3-2 線條之儀器畫法

一、鉛筆線條注意事項

(一) 鉛筆與紙面傾斜60°。
(二) 使用鉛筆略為轉動使粗細一致。

二、 畫鉛筆線條之順序

(一) 先繪出中心線。

(二) 繪實線圓草圖線,先畫小圓再畫大圓。

(三) 繪水平及垂直外形作圖線。

(四) 完成圓及圓角粗實線。

(五) 完成水平、垂直及傾斜粗實線。

(六) 繪虛線,擦去不必要的線條,完成圖形。

三、 上墨線條之順序

(一) 上墨線條之順序:小圓→大圓→曲線→直線(水平、垂直、傾斜)→寫字。

(二) 墨線中心與鉛筆線中心必須重合。

(三) 墨線相切時,切點處之寬度應等於線寬。

(四) 上墨時應先從圓弧開始,再接直線。

(五) 上墨之順序為由左而右,由上而下。

3-3 │ 中文工程字

一、中文字字法一般通則

(一) 圖上書寫中文字,一律由左至右橫寫。

(二) 字體大小以字高為規格。

(三) 中文字採用「等線體」。

(四) CNS建議最小字高,如表3-3所示:

表3-3　最小字高(單位:mm)

應用	圖紙大小	最小之字高		
		中文字	拉丁字母	阿拉伯數字
標題圖號	A0,A1	7	7	7
	A2,A3,A4	5	5	5
尺度註解	A0,A1	5	3.5	3.5
	A2,A3,A4	3.5	2.5	2.5

二、中文字體

(一) 採用等線體。

(二) 中文字體分為**方形**、**長形**、**寬形**三種。

　1. **方形**：字寬＝字高。

　2. **長形**：字寬＝$\dfrac{3}{4}$×字高

　3. **寬形**：字寬＝$\dfrac{4}{3}$×字高。

(三) 筆畫粗細＝$\dfrac{1}{15}$×字高；字距＝$\dfrac{1}{8}$×字高；行距＝$\dfrac{1}{3}$×字高。

(四) 基本筆劃有八種：橫、豎、點、捺、撇、鉤、挑、角（永字八畫）。

(五) 書寫要領：橫平豎直、排列均勻、單筆完成、填滿空格。

牛刀小試

(　　) 有關工程製圖之用具、線條與字法，下列何者正確？　(A)繪製平行且相鄰甚近的虛線孔，兩虛線短劃間隔宜錯開　(B)製圖鉛筆筆心軟硬度不同，其中4H、3H與2H為中級類　(C)工程圖之中文字，其字體筆劃粗細約為字高的1/15　(D)使用一組三角板配合丁字尺可做115度倍數角度。　　　　　　　　　　　【109統測】

―――― 解答與解析 ――――

(C)。(A)因虛線孔在兩條虛線中間會有一條中心線，故兩條虛線應互相對齊。(B)鉛筆筆心其中4H為硬級類，3H、2H才是中級類。(D)一組三角板搭配丁字尺，只能做出15度倍數角度，無法115度。

3-4 拉丁字母

一、拉丁字母（英文字母）

(一) 拉丁字母採用哥德體。

(二) 圖上書寫拉丁字母，一律由左至右橫寫。

(三) 字體大小以字高為規格。

(四) 分直式與斜式兩種，斜式之傾斜角度為75°。

二、拉丁字母注意事項

(一) 字的粗細＝$\frac{1}{10}$×字高；行距＝$\frac{2}{3}$×字高。

(二) 字母與字母間隔均勻即可，不一定要大小相等。

(三) 單字與單字的間隔以容下一個字母「O」為原則。

(四) 拉丁字母均用大寫。

3-5 ｜阿拉伯數字

一、阿拉伯數字

(一) 阿拉伯數字採用「哥德體」。

(二) 圖上書寫阿拉伯數字，一律由左至右橫寫。

(三) 字體大小以字高為規格。

(四) 分直式與斜式兩種，斜式之傾斜角度為75°。

二、阿拉伯數字注意事項

(一) 字的粗細＝$\frac{1}{10}$×字高；行距＝$\frac{2}{3}$×字高。

(二) 拉丁字母與阿拉伯數字採用「哥德體」均為筆畫粗細一致之單筆字。

3-6 ｜尺度基本組成與符號

3-6-1　尺度基本組成

一個完整的尺度是由尺度界線、尺度線、箭頭、數字四個要素所組成。

一、尺度界線

(一) 尺度界線，舊名延伸線，以細實線繪成，表示物體的範圍與位置，由距視圖輪廓約1mm之處延伸而出，並終止在尺度線之外約2～3mm，中心線及輪廓線可作尺度界線用，其延伸部分用細實線並不留間隙。

(二) 若遇尺度界線與輪廓線極為接近或平行時,可於該尺度之兩端引出與尺度線約成60°傾斜的平行線作為尺度界線。

二、尺度線

(一) 尺度線以細實線繪成,代表尺度的方向。
(二) 尺度線兩端有箭頭,通常應垂直於尺度界線,且不得中斷,各尺度線間隔約為字高之二倍。
(三) 輪廓線與中心線不得用來當作尺度線,但可用來當作尺度界線。

三、箭頭

(一) 箭頭形狀與大小,如圖3-3所示,箭頭為20°,箭頭其長度宜為高度的3倍。
(二) 箭頭通常指向尺度線之兩端。
(三) 若尺度空間狹小時,可將箭頭移至尺度界線外側,若遇有相鄰兩尺度皆很小時可用清楚的小圓點代替相鄰之兩箭頭,如圖3-4所示。

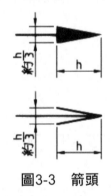

圖3-3　箭頭

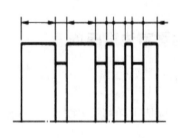

圖3-4　箭頭指向與擁擠之處理

四、數字大小

(一) 數字表明尺度大小,位置在尺度線之上方;且尺度線不得中斷。
(二) 數字方向為水平方向之數字朝上書寫,垂直方向之數字朝左書寫,傾斜方向之數字沿尺度線方向書寫。
(三) 尺度數字之書寫,在橫書時由左向右,在縱書時由下向上。

3-6-2　尺度符號

一、工程圖除了幾何形狀之構成以表達物體形狀外,還必須加註尺度大小,而在標註尺度時,常必須由符號與數字併用。

二、常用尺度符號如下：

標註符號	代表意義	標註符號	代表意義
R5	半徑5mm	（25）	參考尺度
ϕ5	直徑5mm	<u>25</u>	未依比例繪製尺度
SR5	球面半徑5mm	⌒25	弧長25mm
Sϕ5	球面直徑5mm	□25	方形邊長25mm
2×45°	45°倒角，邊長2mm	25	理論真確尺度
t5	板厚5mm	⚠	更改尺度
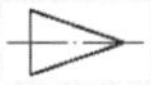 ▷	錐度	 ◣	斜度

牛刀小試

（　　）在工程製圖時，對於直徑尺度為50mm的球體，下列標註何者正確？ (A)Sϕ50 (B)SR50 (C)ϕ50 (D)R50。 【106統測】

解答與解析

(A)。直徑尺度為50mm的球體以Sϕ50標註。

考前實戰演練

( )　**1** 哪一種線是屬於中線？　(A)中心線　(B)虛線　(C)割面線　(D)尺度線。

( )　**2** 有關線條依據CNS規定粗、中、細規格，下列敘述何者<u>不正確</u>？
(A)1、0.7、0.35mm　　　　(B)0.8、0.6、0.3mm
(C)0.7、0.5、0.25mm　　　(D)0.5、0.4、0.3mm。

( )　**3** 割面線為下列哪兩種線之組合？　(A)實線和虛線　(B)粗實線和粗鏈線　(C)細實線和細鏈線　(D)粗實線和細鏈線。

( )　**4** 依線條的優先順序，最優先的應該是？　(A)隱藏線　(B)輪廓線　(C)中心線　(D)尺度線。

( )　**5** 有關字法之敘述，下列敘述何者<u>不正確</u>？　(A)書寫方式為自左向右橫寫　(B)中文字體有方形、長形及寬形三種　(C)中文筆劃共計有8種　(D)拉丁字中，字與字的間隔以能插入一個字母「Q」為原則。

( )　**6** 下列敘述何者正確？　(A)某組線條中以0.25為中線，則粗線、細線各為0.6mm及0.2mm　(B)虛擬視圖之假想線為二點細鏈線　(C)在A2圖紙中，中文字最小字高為2.5mm　(D)中文字一般使用方形之字形來書寫。

( )　**7** 有關線條與字法之說明，下列何者正確？　a.中文字是使用標楷體書寫　b.A2圖紙書寫中文字標題時，其字高採5mm書寫　c.虛線與其他線條交會時，除虛線為粗實線之延長外，均維持相交　d.斜式阿拉伯數字之傾斜角度為75°　(A)a.b.c.d.　(B)a.b.c　(C)b.c.d.　(D)b.c。

( )　**8** 下列敘述何者<u>不正確</u>？　(A)圖紙上的比例以2、3、10倍數之比例最常用　(B)單位縮寫為小寫拉丁字母　(C)拉丁字母都用大寫書寫　(D)虛線之圓弧與虛線之直線相切時，曲線需接於切點。

(　)　**9** 有關繪製視圖中，如有線條重疊現象時，下列敘述何者<u>不正確</u>？ (A)遇到輪廓線與其他線條重疊時，則一律繪輪廓線　(B)隱藏線與中心線重疊，則繪隱藏線　(C)線條重疊時，均以較粗者為優先　(D)遇粗細相同時，則以實線者為優先。

(　)　**10** 有關線條的優先次序，下列敘述何者<u>不正確</u>？　(A)輪廓線（即實線）與中心線重疊時，則一律畫輪廓線　(B)中心線與隱藏線（即虛線）重疊時，則以中心線優先　(C)輪廓線（即實線）與隱藏線（即虛線）重疊時，則畫輪廓線　(D)隱藏線（即虛線）與尺度線重疊時，則以隱藏線優先。

(　)　**11** 下列敘述何者<u>不正確</u>？　(A)兩平行虛線相距甚近時應錯開　(B)線、弧相切，切點處為線條之寬粗度　(C)虛線與其他線交會時應維持相交　(D)虛線為實線之延伸時，應維持相交。

(　)　**12** 以A4圖紙製圖，於標註標題、圖號及件號時，建議採用拉丁字母的最小字高為多少mm？　(A)2.5　(B)3.5　(C)5　(D)7。

(　)　**13** 對於線條重疊之處理原則，下列敘述何者<u>不正確</u>？　(A)以表達可見之外形線為先　(B)中心線與割面線重疊，以中心線為優先　(C)折斷線應選擇不與其他線段重疊為原則　(D)尺度線不可與圖上之任何線段重疊。

(　)　**14** 有關視圖中有線條重疊，下列敘述何者<u>不正確</u>？　(A)實線與虛線重疊，則畫實線　(B)虛線與中心線重疊，則畫虛線　(C)實線與中心線重疊，則畫實線　(D)割面線與虛線重疊，則畫割面線。

(　)　**15** 有關上墨程序，下列敘述何者正確？　(A)先圓弧，然後曲線、直線，最後才寫字　(B)先寫字，然後直線、曲線，最後才圓弧　(C)先直線，然後曲線、圓弧，最後才寫字　(D)先寫字、然後圓弧、曲線，然後才直線。

（　）　**16** 有關書寫拉丁字母，下列敘述何者<u>不正確</u>？　(A)拉丁字母單字與單字的間隔，以容得下一個O字為原則　(B)行與行的間隔約為字高的 $\frac{2}{3}$　(C)拉丁字母的粗細為字高的 $\frac{1}{8}$　(D)斜式拉丁字母的傾角為75°。

（　）　**17** 依照CNS標準，下列敘述何者<u>不正確</u>？　(A)中文字體採用印刷字的等線體　(B)中文字體的種類有方形、長形、寬形三種　(C)長形字的字寬為字高的二分之一　(D)字與字的間隔為字高的八分之一。

（　）　**18** 依CNS製圖的規定，下列何者是用於表示特殊處理表面範圍的線條？　(A)粗鏈線　(B)細鏈線　(C)粗實線　(D)細實線。

（　）　**19** 下列敘述何者<u>不正確</u>？　(A)虛線通過實線時，其交點處須留空隙　(B)長折斷線中兩相對銳角間隔約為字高的6倍　(C)兩平行虛線距離很近時應錯開　(D)小圓之中心線交會以長線劃交會為原則。

（　）　**20** 有關線條與字法之敘述，下列何者<u>不正確</u>？　(A)虛線中的短線，每段約為3mm　(B)在線條的粗細中，若可見輪廓線係使用0.5mm，則中心線應選用0.18mm　(C)以A3圖紙繪圖時，其標題及圖號所採用的最小字高建議為3.5mm　(D)依據CNS規定，工程圖上之中文字體係採用等線體。

（　）　**21** 虛線係為實線之連續部分時，始端應該？　(A)留空隙　(B)不留空隙　(C)不限定　(D)加粗。

（　）　**22** 根據CNS之規定，A2至A4圖紙之阿拉伯數字的尺度註解，建議最小字高為？　(A)2.5mm　(B)3.5mm　(C)5mm　(D)7mm。

（　）　**23** 下列哪種線條屬於粗實線？　(A)剖面線　(B)輪廓線　(C)虛線　(D)折斷線。

（　）　**24** 隱藏線用之虛線其線段每段長約？　(A)0.5mm　(B)1mm　(C)3mm　(D)5mm。

(　) **25** 凡是圓、圓柱之物體，必須畫出？　(A)虛線　(B)尺度線　(C)中心線　(D)輪廓線。

(　) **26** 細鏈線<u>不可</u>表示？　(A)特殊處理物面的範圍　(B)中心線　(C)節線　(D)基準線。

(　) **27** 視圖中，當線條重疊發生時，下列何者最為優先？　(A)剖面線　(B)中心線　(C)虛線　(D)尺度線。

(　) **28** 製圖時上墨之順序為？　(A)由右而左，由上而下　(B)由右而左，由下而上　(C)由左而右，由上而下　(D)由左而右，由下而上。

(　) **29** 圖上件號之中文工程字的字高，在A0～A1製圖紙約為？　(A)2.5mm　(B)3.5mm　(C)5mm　(D)7mm。

(　) **30** 上墨的次序第一應先畫？　(A)中心線　(B)虛線　(C)實線圓　(D)直線。

(　) **31** 按CNS規定，斜體阿拉伯字之傾斜角度為？　(A)30º　(B)45º　(C)60º　(D)75º。

(　) **32** 下圖何處線條交接畫法<u>不正確</u>？　(A)a　(B)b　(C)d　(D)e。

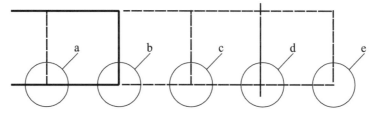

(　) **33** 根據CNS標準，線條的粗細可分粗、中、細線條，請問中線條用於繪製？
(A)隱藏線　　　　　　　　(B)中心線與剖面線
(C)輪廓線與折斷線　　　　(D)假想線。　　　　　　　【92統測】

(   ) **34** 對於虛線的起迄與交會，下列敘述何者<u>不正確</u>？

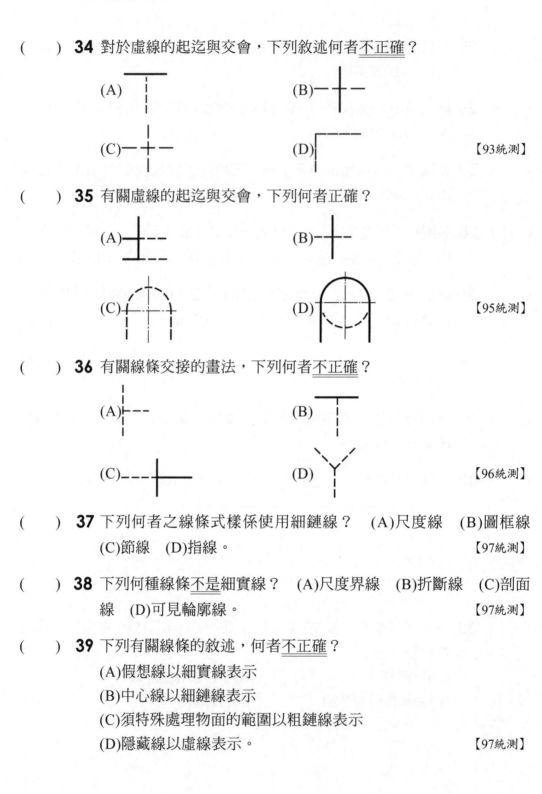

(A)

(B)

(C)

(D)   【93統測】

(   ) **35** 有關虛線的起迄與交會，下列何者正確？

(A)

(B)

(C)

(D)   【95統測】

(   ) **36** 有關線條交接的畫法，下列何者<u>不正確</u>？

(A)

(B)

(C)

(D)   【96統測】

(   ) **37** 下列何者之線條式樣係使用細鏈線？   (A)尺度線   (B)圖框線
(C)節線   (D)指線。   【97統測】

(   ) **38** 下列何種線條<u>不是</u>細實線？   (A)尺度界線   (B)折斷線   (C)剖面
線   (D)可見輪廓線。   【97統測】

(   ) **39** 下列有關線條的敘述，何者<u>不正確</u>？
(A)假想線以細實線表示
(B)中心線以細鏈線表示
(C)須特殊處理物面的範圍以粗鏈線表示
(D)隱藏線以虛線表示。   【97統測】

(　　) **40** 有關不同線條重疊時之描繪優先順序，下列敘述何者<u>不正確</u>？
(A)若虛線與中心線重疊，則以虛線為優先　(B)線條重疊時均以較粗者為優先　(C)若實線與虛線重疊，則以虛線為優先　(D)當可見輪廓線與其它線條重疊時，以可見輪廓線為優先。　【97統測】

(　　) **41** 下列有關線條的敘述，何者正確？
(A)作圖線係以粗實線表示
(B)割面線係以虛線表示
(C)表示圓柱之削平部位所加畫之對角交叉線係以細實線表示
(D)旋轉剖面的輪廓線係以粗鏈線表示。　【98統測】

(　　) **42** 依照CNS規範，下列何者係以細實線表示？　(A)節線　(B)指線　(C)假想線　(D)割面線。　【99統測】

(　　) **43** 下列有關虛線交接之畫法，何者正確？

(A)虛線圓弧為實線圓弧之延伸　

(B)三條虛線相交　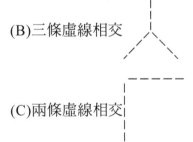

(C)兩條虛線相交

(D)虛線為實線之延長　　　。　【99統測】

(　　) **44** 有關線條的種類及用途，下列敘述何者正確？　(A)折斷線為不規則而連續的粗實線　(B)重疊於原視圖中的旋轉剖面之輪廓線係以細實線繪製　(C)因圓角而消失的稜線與隱藏線的畫法相同　(D)須特殊處理物面的範圍係以細鏈線表示。　【100統測】

( ) **45** 有關線條與字法之敘述，下列何者<u>不正確</u>？
(A)虛線中的短線，每段約為3mm
(B)在線條的粗細中，若可見輪廓線係使用0.5mm，則中心線應選用0.18mm
(C)以A3圖紙繪圖時，其標題及圖號所採用的最小字高建議為3.5mm
(D)依據CNS規定，工程圖上之中文字體係採用等線體。　【101統測】

( ) **46** 虛線使用於無法以目視直接看到物體的部分，此線條又稱為？
(A)隱藏線　(B)尺度線　(C)折斷線　(D)假想線。　【103統測】

( ) **47** 有關工程圖線條的敘述，下列何者正確？　(A)隱藏線與中心線重疊時，優先繪製中心線　(B)虛線為中線，可用於繪製隱藏線和假想線
(C)線條依其種類可分為：實線、虛線、鏈線和折線等四大類　(D)一點鏈線種類中的細鏈線可用於繪製中心線與節線。　【104統測】

( ) **48** 依據CNS的規定，虛線應用於下列何種線條之繪製？　(A)隱藏線
(B)割面線　(C)尺度線　(D)可見輪廓線。　【106統測】

( ) **49** 在工程製圖時，對於直徑尺度為50mm的球體，下列標註何者正確？　(A)Sϕ50　(B)SR50　(C)ϕ50　(D)R50。　【106統測】

( ) **50** 繪圖時以中心線表示機件的對稱中心、圓柱中心、孔的中心等，一般使用何種線條繪製？　(A)細鏈線　(B)細實線　(C)粗實線
(D)虛線。　【107統測】

( ) **51** 有關工程圖之線條交接繪製方式，下列何者正確？

(A)　　　　　　　　　(B)

(C)　　　　　　　　　(D)　　　　　　【108統測】

( ) **52** 有關工程製圖之用具、線條與字法，下列何者正確？ (A)繪製平行且相鄰甚近的虛線孔，兩虛線短劃間隔宜錯開 (B)製圖鉛筆筆心軟硬度不同，其中4H、3H與2H為中級類 (C)工程圖之中文字，其字體筆劃粗細約為字高的1/15 (D)使用一組三角板配合丁字尺可做115度倍數角度。 【109統測】

( ) **53** 依據CNS工程製圖有關線條的種類和用途之敘述，下列何者正確？ (A)假想線為中間2點的細鏈線 (B)旋轉剖面的輪廓線必為粗實線 (C)隱藏線為細虛線 (D)尺度線及尺度界線均為中實線。 【110統測】

( ) **54** 繪製線條交接或平行時，下列圖示何者<u>不正確</u>？

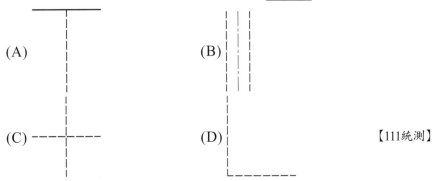

【111統測】

( ) **55** 依據中華民國國家標準有關工程圖線條之敘述，下列何者正確？ (A)隱藏輪廓線應以粗虛線表示 (B)工件表面特殊處理範圍應以細鏈線來表示 (C)圖面中因圓角而消失的稜線應以細實線繪出 (D)尺度線以細實線繪出，尺度界線則以粗實線繪出。 【112統測】

第4單元 應用幾何畫法

重點導讀

本單元可說是非常重要的一個單元，統測年年必考，絕無例外，有了前三單元的基本概念後，在這單元開始進入應用幾何之畫法與徒手畫之畫法，製圖實習課在這單元的基礎建立很重要，其畫法近年來也會列入考題，除此之外，圓錐曲線、各種幾何圖形的定義也是很常考的考題，把握好這單元，不管是實際應用在製圖上或是考試上，都有非常大的幫助。

4-1 等分線段、角與圓弧

一、二等分一線段或圓弧的畫法

以A、B兩點為圓心，取大於1/2線段AB長為半徑畫圓弧，交於兩點並連接即得，如圖4-1所示。

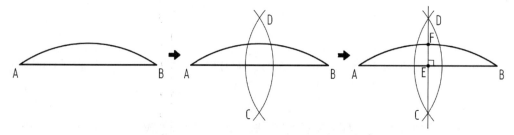

圖4-1　二等分一線段或圓弧的畫法

二、二等分一角度的畫法

以B點為圓心，取適當長為半徑畫圓弧，交於D、E兩點。再以D、E兩點為圓心，取大於1/2圓弧DE長為半徑畫圓弧，交於F點並連接B、F即得等分線，如圖4-2所示。

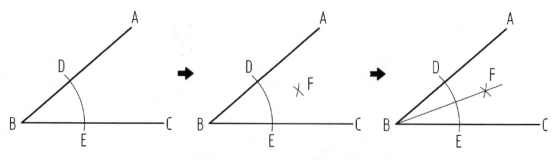

圖4-2　二等分一角度的畫法

三、 利用直尺和三角板，可以任意等分一線段，如圖**4-3**所示。

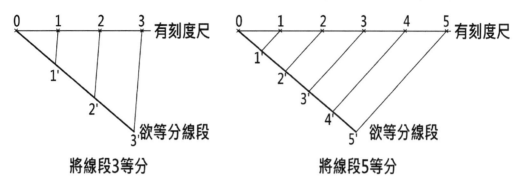

將線段3等分　　　　　　　　　　將線段5等分

圖4-3　直尺和三角板，任意等分一線段

4-2 | 垂直線與平行線

一、 垂直線

(一) 過線段外一點，可作垂直線。

(二) 畫出已知線段之垂直線，方法有搭配丁字尺與三角板、萬能製圖儀。

二、 平行線

(一) 過線段外一點，可作平行線。

(二) 畫出已知線段之平行線，方法有搭配丁字尺與三角板、萬能製圖儀。

4-3 | 多邊形

一、 點僅表示位置，無寬度、高度、深度。

二、 線有長短，但無寬度及深度。有直線、平面曲線、空間曲線三種。

三、 角度

(一) 1圓周＝360°（度）。1°（度）＝60'（分）。1'（分）＝60"（秒）。

(二) 鈍角＞90°。銳角＜90°。直角＝90°。

(三) 互餘：∠A＋∠B＝90°。互補：∠A＋∠B＝180°。

四、多邊形

(一) 以三條或三條以上直線所圍成之平面，稱為多邊形。

(二) n邊形至少可分成（n−2）個三角形。

(三) n邊形內角和公式為：$\theta=(n-2)\times180°$

(四) 正n邊形每一內角 $\theta=\dfrac{(n-2)\times180°}{n}$ 。

(五) n邊形外角和公式為$\theta=360°$。

(六) 正n邊形每一外角 $\theta=\dfrac{360°}{n}$ 。

(七) 正六邊形的邊長等於其外接圓之半徑。

五、圓及圓弧

(一) 一點繞一定點（圓心）保持一定距離之運動，其軌跡之封閉曲線，稱為圓。

(二) 平面上不共線之三點可決定一圓。

(三) 圓及圓弧切線之切點垂直線必通過圓心。

六、平面體

(一) 平面體分為：正多面體、角柱、角錐三大類。

(二) 由正三角形組成：正四、八、二十面體。

(三) 由正方形組成：正六面體。

(四) 由正五角形組成：正十二面體。

(五) 平面體中，二面構成一稜線，因此稜線數 $N=\dfrac{面體數\times組成之邊形數}{2}$ ，如下表4-1所示。

表4-1　平面體之組成

	正四面體	正六面體	正八面體	正十二面體	正二十面體
組成形狀	4個正三角形	6個正方形	8個正三角形	12個正五角形	20個正三角形
稜線數	$N=\dfrac{4\times3}{2}=6$	$N=\dfrac{6\times4}{2}=12$	$N=\dfrac{8\times3}{2}=12$	$N=\dfrac{12\times5}{2}=30$	$N=\dfrac{20\times3}{2}=30$

七、柱體

(一) 角柱：視其底面為n角形，稱之為n角柱，又分為直立柱與斜柱。

(二) 角錐：視底面為n角形，稱之為n角錐，又分為直立錐及斜錐。

八、曲面體

(一) 單曲面體：為由直線或平面繞同一平面內之軸形成，如圓柱、圓錐。

(二) 複曲面體：為由曲線或曲面繞同一平面內之軸形成，如球、環、橢圓面、雙曲面、拋物面等。

(三) 翹曲面體：不規則之曲面體。

牛刀小試

(　　) 有關圓之內接正六邊形的邊長與圓之半徑的關係，下列敘述何者正確？　(A)邊長等於半徑乘以0.75　(B)邊長等於半徑　(C)邊長等於半徑的一半　(D)邊長等於半徑的2倍。　【107統測】

———— 解答與解析 ————

(B)。 圓之內接正六邊形的邊長等於半徑。

4-4 相切與切線

一、相切

(一) 兩圓相切，其切點必位於兩圓心之連心線上或其延長線上。

(二) 兩圓為外切則其連心線長等於兩圓之半徑和。

(三) 兩圓為內切則其連心線長等於兩圓之半徑差。

(四) 在相同平面上不相交的兩個分離圓，最多可畫出4條公切線，如圖4-4所示。

(五) 在相同平面上不相交的兩個分離圓，最多可畫出8條公切弧，如圖4-5所示。

(六) 兩圓弧相切，其切點必位於連接兩圓心之線上。

(七) 在圓周上一點可作1條切線。

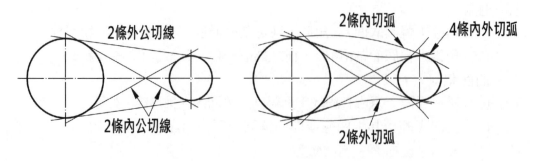

圖4-4　內外公切線　　　　　圖4- 5　內外公弧線

二、相切與切線注意事項

(一) 不在同一直線上的三點可作一圓。

(二) 一圓與正多邊形之頂點相接時,則該圓為多邊形之外接圓。

(三) 一圓與正多邊形之頂點相接時,則該多邊形為圓之內接正多邊形。

三、反曲線

(一) 若兩平行線利用圓弧作相切連接時,此時兩圓弧稱之為反曲線。

(二) 相切點稱之為反曲點,其位置必位於兩圓心之連心線上。

(三) 兩圓心的連心線必與反曲點之切線互相垂直。

牛刀小試

(　　)　當兩圓相切時,通過切點之公切線與連心線的夾角為幾度?
(A)30　(B)60　(C)90　(D)120。　　　　　　　　　【107統測】

───── 解答與解析 ─────

(C)。當兩圓相切時,通過切點之公切線與連心線的夾角為90度。

4-5 │圖形放大、縮小與比例

一、圖形的放大或縮小

(一) 方格法。

(二) 放射線法。

二、 圖形之遷移

(一) 三角法。（最少的多邊形為三角形）

(二) 方盒法（四角法）或支距法。

三、 圖形比例

$$圓形比例 = \frac{圖面尺度}{實物尺度}$$

4-6 │圓錐曲線與畫法

一、 圓錐曲線或割錐線

一平面以不同之角度切割一直立圓錐，其切割後之截面所形成之曲線，稱為圓錐曲線或割錐線。

二、 截面所形成之曲線

表4-2　圓錐曲線或割錐線

截面所形成之曲線	圖示	平面切割直立圓錐之狀況
正圓	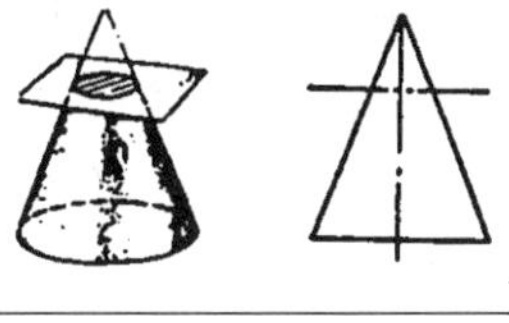	切平面垂直於軸。
橢圓	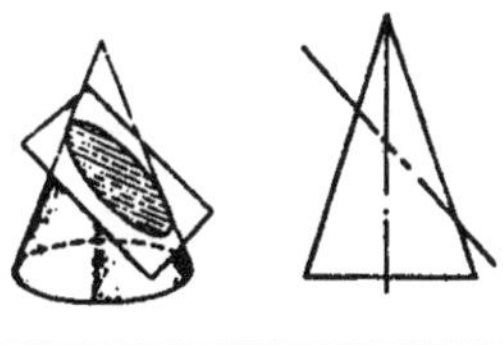	切平面與軸之夾角大於軸與素線之夾角。
雙曲線	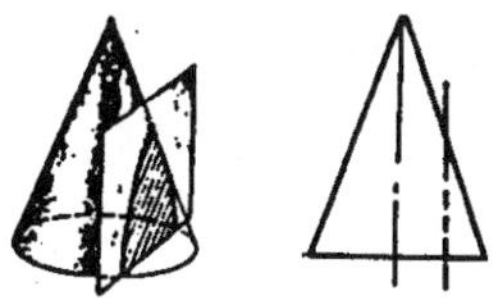	切平面與軸之夾角小於軸與素線之夾角或切平面與軸平行。

截面所形成之曲線	圖示	平面切割直立圓錐之狀況
拋物線	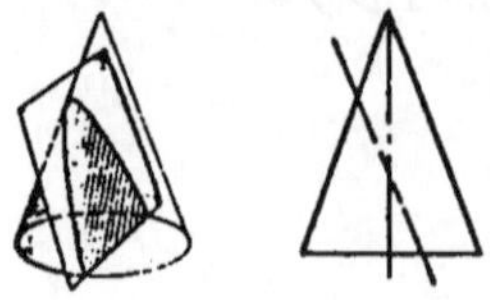	切平面與軸之夾角等於軸與素線之夾角。
直線或等腰三角形	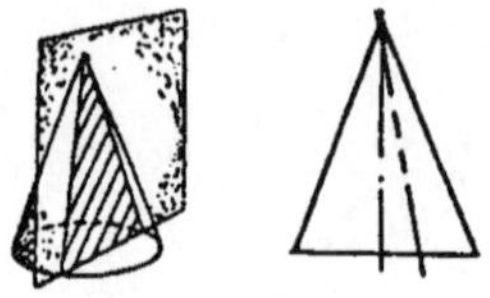	切平面通過圓錐之錐頂。

三、正圓

(一) 正圓：一點繞某定點（圓心），保持一定距離運動所形成之曲線。

(二) 過不在一直線上之三點可畫唯一正圓。

(三) 圓之切線必與徑向線互相垂直。

四、橢圓

(一) 橢圓：一動點在平面上運動，此動點與兩定點（焦點）之距離和為一常數（長軸）時，所形成之曲線。

(二) 橢圓之最長徑，稱為長軸。橢圓之最短徑，稱為短軸。以短軸之端點為圓心，1/2長軸為半徑畫圓弧，與長軸相交之兩點即為焦點。

(三) 橢圓的畫法：同心圓法、平行四邊形法、四圓心近似法（最常用者）、等角橢圓法。無論以「平行四邊形法」或「四心法」繪製橢圓，均需要將長軸長度與短軸長度列為已知條件。

(四) 橢圓是圓的斜投影，當橢圓兩焦點重合時，橢圓則為圓。

五、雙曲線

(一) 雙曲線：一動點在平面上移動，此動點與二定點（焦點）距離之差恆為常數（貫軸）時，此動點之軌跡稱為雙曲線。

(二) 雙曲線的畫法：焦點法、等軸法。

六、拋物線

(一) 拋物線：一動點在平面上運動，此動點與一定點（焦點）之距離，恆等於動點至一直線（準線）之垂直距離，此動點所形成之軌跡稱為拋物線。

(二) **拋物線的畫法：**四邊形法、支距法、包絡線法。

(三) 包絡線即為拋物線。

牛刀小試

( ) **1** 以一平面切割一正圓錐所產生之相交線，稱為圓錐曲線（Conic Sections），下列何者為圓錐曲線？ (A)拋物線 (B)螺旋線 (C)擺線 (D)漸開線。 【105統測】

( ) **2** 有關工程圖學的敘述，下列何者正確？ (A)一般圖紙A1規格之紙張面積為$1.5m^2$，而B0規格之紙張面積則為$1m^2$ (B)常用圖紙為普通製圖紙與描圖紙，通常其厚薄區別是以g/cm^2做為定義 (C)用一平面切一直立圓錐，當割面與錐軸之夾角大於素線與錐軸交角，可得拋物線截面 (D)橢圓之焦點是以長軸1/2為半徑，短軸一端為圓心，畫弧與長軸相交點。 【109統測】

──── 解答與解析 ────

1 (A)。 圓錐曲線主要有正圓、橢圓、雙曲線、拋物線及等腰三角形等。

2 (D)。 (A)A1圖紙面積為$0.5m^2$，B0圖紙面積為$1.5m^2$。(B)普通製圖紙與描圖紙的厚薄是以g/m^2來做定義。(C)用一平面切一直立圓錐，當割面與錐軸之夾角大於素線與錐軸交角，可得橢圓截面。

4-7 幾何圖形之徒手畫法

一、徒手畫

(一) 徒手畫只用到圖紙、鉛筆和橡皮擦，不需用其他製圖儀器。

(二) 徒手畫常用於初始設計新產品之初步構想圖或初步設計草圖。

(三) 草圖又稱構想圖，是設計者為迅速表達心目中之設計物，以徒手繪製。

(四) 一般實物測繪都是以徒手的方法繪草圖於方格紙或三角格紙上。

二、徒手畫畫法要點

(一) 徒手繪製草圖，最常採用的投影法為正投影。

(二) 徒手畫時應使用H到B等級的鉛筆較適宜，如H、F、HB、B等級。

(三) 徒手畫可利用方格紙（畫平面圖或三視圖）或三角格紙（畫立體圖）搭配練習。

(四) 徒手畫橡皮擦以軟質為佳，用以擦除鉛筆線及紙面污垢。

(五) **徒手畫之線條粗細須按標準規定。**

(六) **先畫直線再畫曲線。**

(七) 徒手畫的比例依圖紙大小而定。

三、 直線徒手畫法

(一) 徒手畫繪製直線時，應定出線條兩端點。

(二) 繪製時目光注視終點。

(三) 繪製水平線由左向右。

(四) 繪製垂直線由上往下。註：儀器畫繪製垂直線是由下往上。

(五) 繪製傾斜線，若傾斜之角度偏向水平線，則由左向右畫。

(六) 繪製傾斜線，若傾斜之角度偏向垂直線，則由上往下畫。

(七) 徒手畫水平線時，**較短線利用手腕，較長線利用手臂**為力矩畫出。

四、 小圓徒手畫法

(一) 先畫出中心線，交點為圓心，通過中心點另添兩條45°之斜線，將圓之半徑定出，畫出圓形，如圖4-6所示。

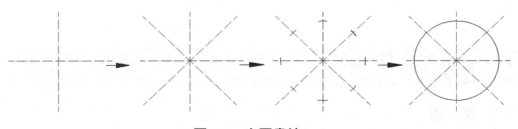

圖4-6　小圓畫法(一)

(二) 先畫出一外切正方形，正方形之對角線交點為圓心，將正方形之切點找出，畫出圓形，如圖4-7所示。

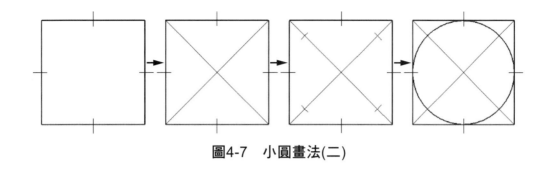

圖4-7　小圓畫法(二)

五、大圓徒手畫法

(一) 利用兩支鉛筆，類似圓規，順時針旋轉圖紙即可畫出大圓，如圖4-8所示。

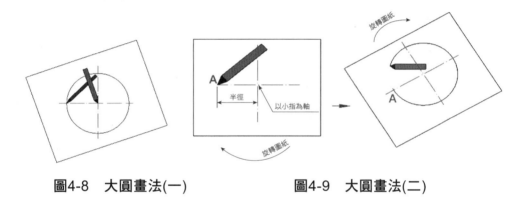

圖4-8　大圓畫法(一)　　　　　　　圖4-9　大圓畫法(二)

(二) 先畫出兩垂直相交之中心線，交點即為圓心，以小指或無名指指向圓心，和鉛筆間取適當長度為半徑，慢慢旋轉圖紙，則畫出大圓，如圖4-9所示。

六、圓弧徒手畫法

(一) 圓弧之畫法與畫圓相似，先定出兩條互相垂直相交之中心線，交點即為圓心，如圖4-10所示。

(二) 若有必要時，則多加畫斜線，畫出圓弧。

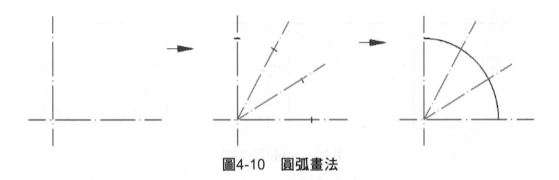

圖4-10 圓弧畫法

七、橢圓徒手畫法

(一) 先定出橢圓之長短軸,且依據長短軸長繪出對稱矩形,兩長短軸之端點,慢慢將圓弧畫出,則所形成之曲線即為橢圓,如圖4-11所示。

(二) 繪製等角橢圓立體圖,則在中心線上定上半徑,並依半徑大小將畫出60°菱形,最後過各半徑端點,將各點慢慢連接成橢圓,如圖4-12所示。

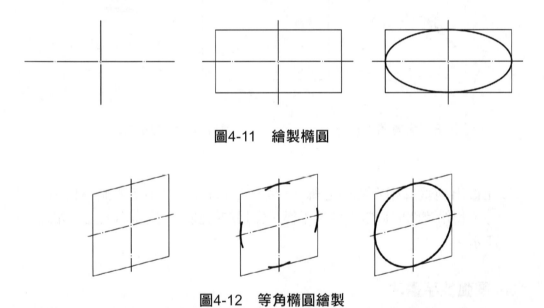

圖4-11 繪製橢圓

圖4-12 等角橢圓繪製

牛刀小試

( ) 有關徒手畫的敘述,下列何者正確? (A)徒手畫等角圖,先由等角軸線開始繪製 (B)在製造業應用最廣泛之徒手畫立體圖為

二等角圖　(C)徒手繪製圖形與文字時，宜用2B或3B級鉛筆　(D)
徒手繪製水平與垂直線條時，眼睛應看線之起點。　　　【108統測】

────── **解答與解析** ──────

(A)。(B)在製造業應用最廣泛之徒手畫立體圖為等角圖。(C)徒手繪製圖
形與文字時，宜用HB或F級鉛筆。(D)徒手繪製水平與垂直線條時，
眼睛應看線之終點。

4-8 │漸開線

一、一直線繞於幾何柱體（如圓柱體）上，當其旋開時，直線所經過之軌
　　跡，稱為漸開線，如圖4-13所示。
二、用途：漸開線常用於齒輪齒形曲線。

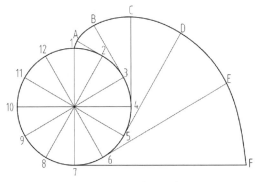

圖4-13　漸開線

4-9 │擺線

一、定義

當一圓沿一直線或圓周滾動時，圓周上一點之軌跡，即為擺線，如圖4-14
所示。

二、擺線分類

(一) 一圓一直線滾動時，產生「正擺線」。
(二) 一圓沿圓周之外側滾動時，產生「外擺線」。

(三) 一圓沿圓周之內側滾動時,產生「內擺線」。

(四) 用途:擺線最常用於繪製鐘錶、儀器齒輪齒形曲線。

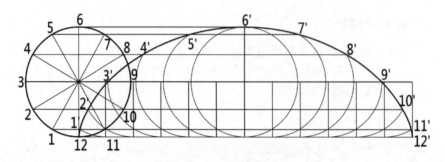

圖4-14　擺線

4-10 | 螺旋線

一、阿基米德螺旋線

一點沿直線作等速運動,同時又沿一定點作等角圓周運動,該點所形成之平面曲線謂之阿基米德螺旋線。常用於製造凸輪之曲線。

二、圓錐螺旋線

當一動直線繞一定軸線作一定傾斜角度之等角速度旋轉,而一動點沿該動直線作等速運動時,其運動之軌跡稱為空間的圓錐螺旋線。

三、圓柱面螺旋線

當一動直線繞一定軸線作平行等角速度旋轉,而一動點沿該動直線作等速運動,則該動點之軌跡,稱為空間的柱面螺旋線。動點繞軸旋轉一周,所前進之軸向距離稱為導程。

四、螺旋線之應用

螺旋線常用於彈簧與螺紋。

考前實戰演練

( )　**1** n多邊形之內角和為？　(A)（n＋2）×180°　(B)（n－2）×180°
(C)（n＋2）×90°　(D)（n－2）×90°。

( )　**2** 五邊形內角和為？　(A)540°　(B)600°　(C)480°　(D)720°。

( )　**3** 複曲面最普通之形式為迴轉曲面，由一曲線繞其同平面內之軸迴
轉而成，下列何者不是複曲面？　(A)橢球面　(B)環面　(C)翹曲
面　(D)拋物面。

( )　**4** 下列何種作圖問題無法單憑無刻劃三角板及圓規繪出（不得使用
試誤法）？　(A)已知圓內接正八邊形　(B)已知圓外切正三角形
(C)任意線段五等分　(D)邊長2cm之正六角形。

( )　**5** 有關應用幾何作圖，下列敘述何者<u>不正確</u>？　(A)正五邊形每一內
角為108°　(B)六邊形的內角和為720°　(C)任意長度之三邊均可
作一個三角形　(D)兩圓相互外切，連心線長等於兩半徑和。

( )　**6** 一點繞一定點（圓心）保持一定距離之運動，其軌跡之封閉曲
線，謂之？　(A)雙曲線　(B)漸開線　(C)拋物線　(D)圓。

( )　**7** 一動點在一平面上運動，此動點與定點（焦點）間之距離，恒等
於動點至一直線（準線）之相隔距離，此動點所成之軌跡謂之？
(A)雙曲線　(B)漸開線　(C)拋物線　(D)擺線。

( )　**8** 移動一點而成平面曲線，若此點與兩定點間之距離之和為一常數
則此平面曲線為？　(A)橢圓　(B)雙曲線　(C)圓　(D)拋物線。

( )　**9** 移動一點而成平面曲線，若此點與兩定點間之距離之差為一常數
則此平面曲線為？　(A)橢圓　(B)雙曲線　(C)圓　(D)拋物線。

( )　**10** 用於鐘錶或儀器的齒輪齒輪廓曲線是？　(A)螺旋線　(B)擺線
(C)漸開線　(D)雙曲線。

(　　) **11** 有關小圓徒手畫法之一，下列敘述何者正確？　(A)先畫出中心線 (B)先畫出圓弧　(C)先畫出半徑　(D)先畫出直徑。

(　　) **12** 有關橢圓徒手畫法，下列敘述何者正確？　(A)先畫出正方形 (B)先畫出橢圓之長短軸　(C)先畫出焦點　(D)先畫出圓弧。

(　　) **13** 有關應用幾何作圖，下列敘述何者<u>不正確</u>？　(A)二圓互相內切，則連心線長度等於兩半徑之差　(B)二圓弧相切，其切點必位於此二圓弧的連心線上　(C)通過在一直線上的三點，可作一圓弧 (D)漸開線及阿基米德蝸（螺旋）線是平面曲線，而柱面螺旋線是空間曲線。

(　　) **14** 下列敘述何者<u>不正確</u>？　(A)兩圓弧相切，其切點必位於連接兩圓心之線上　(B)在圓周上一點可作無限多條切線　(C)在圓外一點可對圓繪製兩條切線　(D)不是同在一直線上的三點可作一圓。

(　　) **15** 用一平面切割一直立圓錐，圓錐被垂直於中心線的平面所截，則所截得之圖形為？　(A)雙曲線　(B)拋物線　(C)橢圓　(D)圓。

(　　) **16** 用一平面切割一直立圓錐，圓錐被平行於中心線的平面所截，則所截得之圖形為？　(A)雙曲線　(B)拋物線　(C)橢圓　(D)圓。

(　　) **17** 用一平面切割一直立圓錐，若平面與錐軸之交角等於素線與錐軸之交角時，則所割得之形狀為？　(A)圓　(B)橢圓　(C)拋物線 (D)雙曲線。

(　　) **18** 用一平面切割一直立圓錐，若平面與錐軸之交角小於素線與錐軸之交角時，則所割得之形狀為？　(A)圓　(B)橢圓　(C)拋物線 (D)雙曲線。

(　　) **19** 以一平面切割一直立之圓錐，若平面與圓錐軸之夾角大於軸與素線之夾角，則截面所形成之曲線為？　(A)正圓　(B)橢圓　(C)雙曲線　(D)拋物線。

(　) **20** 下列何種平面曲線，常應用於可凸輪廓設計，且運動時，可使等速旋轉運動改變為等速往復運動？　(A)漸開線　(B)擺線　(C)拋物線　(D)阿基米德螺旋線。

(　) **21** 一直線繞一軸線周圍作均勻旋轉，在此動直線上某點同時作均勻移動，則此點所成之空間曲線為？　(A)漸開線　(B)螺旋線　(C)擺線　(D)雙曲線。

(　) **22** 有關徒手畫，下列敘述何者正確？　(A)徒手畫圖，不注重線條之粗細　(B)徒手畫水平線時，由右而左　(C)徒手畫所用的鉛筆一般採用B或2B等級　(D)用徒手畫所得的圖面，不可太潦草簡略。

(　) **23** 有關實物測繪與實物量測的敘述，下列何者為<u>不正確</u>？　(A)徒手繪製水平線時，應由左向右繪製　(B)徒手繪製垂直線時，應由上而下繪製　(C)徒手草繪所使用的鉛筆，以5H比HF更適合　(D)半徑規可用來量測圓弧半徑尺度。

(　) **24** 一直線與圓相切於一點，此點與圓心之連線與該直線的夾角為？　(A)45º　(B)60°　(C)90°　(D)120°。

(　) **25** 有關圖形放大、縮小與比例，下列敘述何者<u>不正確</u>？　(A)圖形比例為圖面尺度與實物尺度之比值　(B)圖形縮小可用三角法　(C)2：1為圖形放大比例　(D)圖形遷移可用四角法。

(　) **26** 一正多邊形，若其外接圓的半徑與邊長相等時，則此圓的內接正多邊形的邊數為多少？　(A)4　(B)6　(C)8　(D)12。

(　) **27** 橢圓畫法最常用的為？　(A)四圓心近似法　(B)三圓心近似法　(C)二圓心近似法　(D)同心圓法。

(　) **28** 漸開線最常用於繪製？　(A)螺紋　(B)齒輪　(C)彈簧　(D)鉚釘。

(　) **29** 螺旋線最常用於繪製？　(A)螺紋　(B)齒輪　(C)扣環　(D)鉚釘。

(　) **30** 有關圓錐曲線或割錐線，下列敘述何者<u>不正確</u>？　(A)圓之切線不與徑向線互相垂直　(B)可用焦點法繪製雙曲線　(C)四圓心近似法為最常用來繪製橢圓　(D)素線之夾角或切平面與軸平行為雙曲線。

(　) **31** 符號「(25)」，代表？　(A)正方形邊長25mm　(B)參考尺度25mm　(C)弧長30mm　(D)球面直徑25mm。

(　) **32** 正四面體的四個面為正三角形；正六面體的六個面為正四角形；那麼正八面體的八個面為？　(A)正三邊形　(B)正四邊形　(C)正五邊形　(D)正六邊形。

(　) **33** 切割直立圓錐可得幾種不同的幾何圖形？　(A)五種　(B)四種　(C)三種　(D)二種。

(　) **34** 下列何者<u>不是</u>遷移圖形主要方法？　(A)三角法　(B)方盒法　(C)支距法　(D)放射法。

(　) **35** 將直角三角形的底邊緊靠圓柱，纏繞在圓柱周圍，則直角三角形斜邊在圓柱表面所形成的曲線稱為？　(A)螺旋線　(B)擺線　(C)拋物線　(D)漸開線。　　　　　　　　　　　　　　　　【92統測】

(　) **36** 以割面切割直立圓錐時，下列何種切割方式所形成之曲線為拋物線？　(A)　(B)　(C)　(D)。　【93統測】

(　) **37** 正八邊形的內角和為多少度？　(A)360°　(B)720°　(C)1080°　(D)1440°。　　　　　　　　　　　　　　　　　　　　　　【94統測】

(　) **38** 當一圓在平面上沿一直線滾動時，圓周上一點移動的軌跡所形成的曲線稱為？　(A)正擺線　(B)漸開線　(C)螺旋線　(D)拋物線。　　　　　　　　　　　　　　　　　　　　　　　　　　　　　【95統測】

(　) **39** 在相同平面上不相交的兩個分離圓，且該兩圓的連心線長度大於兩圓的半徑和，此時最多可畫出幾條公切線？　(A)四條　(B)三條　(C)二條　(D)一條。　　　　　　　　　　　　　　　　【97統測】

(　) **40** 若實際長度為5mm，使用之比例為5：1，則畫在圖面上之長度為多少mm？　(A)1mm　(B)5mm　(C)10mm　(D)25mm。　　【98統測】

(　　) **41** 若畫在圖面上之長度為20mm，使用之比例為1：10，則實際之長度為多少mm？
(A)2mm　(B)10mm　(C)20mm　(D)200mm。　【99統測】

(　　) **42** 有關幾何應用之敘述，下列何者正確？　(A)當兩圓外切時，其連心線距離為兩半徑之差　(B)當兩圓內切時，其連心線距離為兩半徑之和　(C)一直線與圓相切時，其切點與圓心之連線會與該直線垂直　(D)一圓與正多邊形之頂點相接時，則該圓為多邊形之內接圓。　【101統測】

(　　) **43** 有關幾何作圖原理之敘述，下列何者不正確？　(A)分別以一段圓弧AB的兩端點為圓心，大於1/2弧長為半徑畫弧相交產生兩個交點，連接此兩交點之直線可平分圓弧AB　(B)利用直尺和三角板，無法三等分一線段　(C)在一圓弧上取任意兩弦，分別繪製兩弦的中垂線，兩中垂線相交之交點即此圓弧之圓心　(D)在一平面上，通過不共線的三點可作一圓。　【104統測】

(　　) **44** 有關幾何製圖，下列敘述何者正確？　(A)利用丁字尺和三角板，可以畫出與水平夾角成40°的線段　(B)利用丁字尺和一45°三角板，可以畫出一圓的外切正六邊形　(C)兩圓無論外切或內切，其切點必在兩圓心之連心線或連心線之延長線上　(D)若有一圓與一直線外切，其切點與此圓心之連線不會與該直線垂直。　【105統測】

(　　) **45** 以一平面切割一正圓錐所產生之相交線，稱為圓錐曲線（Conic Sections），下列何者為圓錐曲線？　(A)拋物線　(B)螺旋線　(C)擺線　(D)漸開線。　【105統測】

(　　) **46** 在工程製圖時，對於直徑尺度為50mm的球體，下列標註何者正確？　(A)Sϕ50　(B)SR50　(C)ϕ50　(D)R50。　【106統測】

(　　) **47** 有關圓之內接正六邊形的邊長與圓之半徑的關係，下列敘述何者正確？　(A)邊長等於半徑乘以0.75　(B)邊長等於半徑　(C)邊長等於半徑的一半　(D)邊長等於半徑的2倍。　【107統測】

(　　) **48** 當兩圓相切時，通過切點之公切線與連心線的夾角為幾度？
(A)30　(B)60　(C)90　(D)120。　【107統測】

（　）　**49** 徒手畫時應使用何種軟硬等級（由硬到軟）的鉛筆較適宜？
(A)9H到6H　(B)H到B　(C)5H到2H　(D)3B到6B。　【107統測】

（　）　**50** 有關徒手畫的敘述，下列何者正確？　(A)徒手畫等角圖，先由等
角軸線開始繪製　(B)在製造業應用最廣泛之徒手畫立體圖為二
等角圖　(C)徒手繪製圖形與文字時，宜用2B或3B級鉛筆　(D)徒
手繪製水平與垂直線條時，眼睛應看線之起點。　【108統測】

（　）　**51** 有關工程圖學的敘述，下列何者正確？　(A)一般圖紙A1規格之
紙張面積為$1.5m^2$，而B0規格之紙張面積則為$1m^2$　(B)常用圖
紙為普通製圖紙與描圖紙，通常其厚薄區別是以g/cm^2做為定義
(C)用一平面切一直立圓錐，當割面與錐軸之夾角大於素線與錐
軸交角，可得拋物線截面　(D)橢圓之焦點是以長軸1/2為半徑，
短軸一端為圓心，畫弧與長軸相交點。　【109統測】

（　）　**52** 關於正多邊形之敘述，下列何者正確？　(A)正六邊形的邊長和內切
圓的半徑相等　(B)正五邊形每一個內角角度為150度　(C)正四邊形
相鄰兩邊互相垂直　(D)正三邊形的內角和為360度。　【110統測】

（　）　**53** 關於幾何圖形及其使用繪圖工具繪製成圖，下列何者正確？　(A)使
用三角板與圓規即可將一圓弧作二等分　(B)使用量角器與圓規可繪
製平行線或垂直線　(C)多邊形每頂點接於圓周上者稱為正切多邊形
(D)當兩圓外切時其連心線長等於兩半徑的差值。　【111統測】

（　）　**54** 用一切割面截割一直立圓錐，其切割後之截面形成圓錐曲線，有
關圓錐曲線之敘述，下列何者正確？　(A)圓和雙曲線都是屬於
圓錐曲線　(B)螺旋線和擺線都是屬於圓錐曲線　(C)當切割面平
行於直立圓錐的中軸線形成之曲線為橢圓線　(D)當切割面垂直
於直立圓錐的中軸線形成之曲線為拋物線。　【112統測】

（　）　**55** 有關正多邊形之敘述，下列何者<u>不正確</u>？　(A)正七邊形的所有外
角和為360º　(B)正五邊形每一個內角角度為108º　(C)六個正三
邊形可以組合成一個正六邊形　(D)一個正八邊形可以分割成八
個正三角形。　【112統測】

正投影識圖與製圖

重點導讀

正投影識圖與製圖是為機械製圖實習中最重要的單元，統測年年必考，而且每年視圖的題目至少考二至三題，故本單元一定要好好研讀，本單元重點在於正投影之原理、視圖中線條的意義與優先順序、立體正投影圖以及視圖方法，只要有閱讀與製圖的經驗，要熟讀本單元重點精華絕非難事，其統測歷屆考題大部分不是出看立體圖找出正確視圖就是給兩視圖補出正確視圖，想拿高分的人可以朝這方向多多練習，題目練習多了，立體圖概念會更好，有助於快速解出題目，切記！投影原理要真的理解，不要硬記住，一旦理解融會貫通，這單元就會覺得很有趣且會變得很簡單，加油！

5-1 | 投影與分類

一、投影的意義

(一) 投影之意義即以一假想透明平面，置於物體與觀察者之間或置於物體之後，以一定之規則，將物體之外部及內部形狀，投射到此一平面上，再用線條描繪成平面圖形。

(二) 投影得到之平面圖形即稱為此物體之視圖。

二、投影的分類

(一) **平行投影**：觀察者在無窮遠處觀察物體，投射線相互平行，大小不變。又分為正投影、斜投影，如圖5-1所示。

正投影	投射線均垂直於投影面。又分正投影多視圖、正投影立體圖（包括正投影等角圖、正投影二等角圖、正投影不等角圖）。
斜投影	投射線與投影面傾斜一角度（投射線與投影面不垂直者）。斜投影立體圖又分等斜圖、半斜圖。

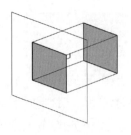 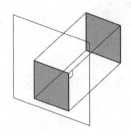

(a)正投影　　　　　　　　　(b)斜投影

圖5-1　平行投影

(二) **透視投影**：觀察者在有限之距離內觀察物
　　 體，投射線集中於一點（視點），大小會
　　 變，如圖5-2所示。又分：

　1. **一點透視**：又稱**平行**透視。
　2. **二點透視**：又稱**成角**透視。
　3. **三點透視**：又稱**傾斜**透視。

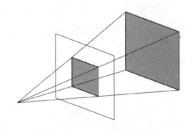

圖5-2　透視投影

5-2 │ 正投影原理

一、正投影原理

(一) 觀察者在無窮遠處觀察物體。

(二) 視線**相互平行**，形成平行投影。

(三) 視線與投影面**垂直**。

(四) 與投影面平行之物體其投影**大小不變**。

二、斜投影原理

(一) 觀察者在無窮遠處觀察物體。

(二) 視線**相互平行**，形成平行投影。

(三) 視線與投影面**不垂直**。

(四) 與投影面平行之物體其投影**大小不變**。

三、 透視投影原理

(一) 觀察者在不遠處觀察物體。

(二) 視線相互不平行，且會交於一點之投影。

(三) 投影線集中於一點（消失點）。

(四) 與投影面平行之物體其投影大小會變。

四、 投影之重要名詞，如圖5-3所示

(一) 視點（point of sight）：

1. 觀察者眼睛所在之點。

2. 正投影時，視點位於距物體無窮遠處。

3. 透視投影時，視點係置位於距物體有限之距離。

(二) 視線（line of sight）：視點與物體上各點相連接之線。

(三) 投射線（Projector）：

1. 投射線：表達物體與投影面間關係之線條。

2. 在正投影中，投射線是相互平行且垂直於投影面。

3. 在斜投影中，投射線是相互平行不垂直於投影面。

4. 在透視投影中，投射線係消失於一點（消失點）。

(四) 視圖（View）：投影之平面圖形即稱為此物體之視圖（View）。

(五) 視平面（水平面）：垂直於畫面、平行於基準面且又與視點同高之假想水平面稱為視平面。

(六) 投影面（plane of projection）：

1. 投影面：投影所在之平面，又稱「畫面」或「座標面」。

2. 分類：投影面可分為：

水平投影面（HP或H）	在空間中，位於水平方向之平面，呈現俯、仰視圖。
直立投影面（VP或V）	在空間中，位於垂直方向之平面，呈現前、後視圖。
側立投影面（PP或P）	在空間中，同時垂直於水平投影面與直立投影面之平面，呈現左、右側視圖。

(七) **基線（ground line）：**

1. **基線**：投影面與投影面相交之交切直線。

2. **分類**：分為主基線與副基線兩種。

　(1) **基線（主基線）**：直立投影面（VP）與水平投影面（HP）之交線，簡稱「基線」，以「GL」表示之。

　(2) **副基線**：側投影面（PP）與水平投影面（HP）之交線，或側投影面（PP）與直立投影（VP）面之交線，均稱為副基線，分別以「G_1L_1」及「G_2L_2」表示之。

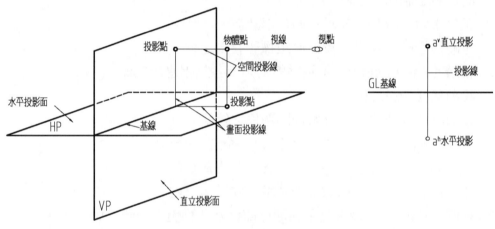

圖5-3　投影之重要名詞

(八) **象限（quadrant）：**

1. 水平投影面（HP）與直立投影面（VP）垂直相交，分空間為四個象限，如圖5-4所示。

2. **分類**：四個象限定名如下：

第一象限（ⅠQ）	在HP之上，VP之前。
第二象限（ⅡQ）	在HP之上，VP之後。
第三象限（ⅢQ）	在HP之下，VP之後。
第四象限（ⅣQ）	在HP之下，VP之前。

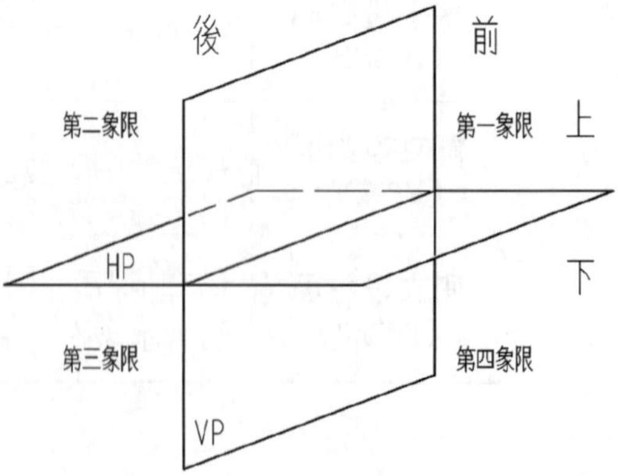

圖5-4　象限

五、 空間座標

(一) 空間內物體均具有高度（上、下）、寬度（左、右）、深度（前、後）。

(二) 表示整個宇宙空間，則以原點為基準需有上下（＋Y、－Y）、右左（＋Z、－Z）、前後（＋X、－X）六個座標。

六、 投影面的迴轉

(一) **投影面的迴轉目的**：為了在一張圖紙上表示出兩個互相垂直投影面上的投影，必須透過投影面之迴轉把兩個互相垂直的投影面變成一個平面。

(二) **投影面的迴轉方法**：直立投影面（VP）不動，以基線為軸，將水平投影面（HP）依順時針方向迴轉90°，使與直立投影面展現於同一平面上。

5-3 視圖中線條的意義

一、 製圖主要由線條及字法組成。

二、 一條實線可能包含的意義為

(一) 面之邊視圖。

(二) 兩面之交線。

(三) 曲面之極限。

三、 常用之線條

(一) 粗連續實線：可見輪廓線、圖框線等。

(二) 細連續實線：尺度線、尺度界線、作圖線、投射線、因圓角而消失的稜線、剖面線、旋轉剖面的輪廓線（視圖內）、指線、折線、水平面等。

(三) 細不規則連續實線：折斷線。

(四) 虛線：隱藏線。

(五) 細一點鏈線：中心線、節線、基準線等。

(六) 細二點鏈線：假想線。

(七) 粗一點鏈線：特殊處理物面的範圍。

(八) 兩端及轉角為粗實線，其餘為細鏈線：割面線。

5-4 ｜線條重疊之優先次序

一、 線條重疊的優先次序

(一) 以表達可見之外形線（粗實線）為第一優先。

(二) 表達隱藏內部之外形線（虛線）為第二優先。

(三) 中心線與割面線重疊時，應視何者較能使讀圖方便而定其先後。

(四) 折斷線之位置選擇應盡量不與其他線段重疊為原則。

(五) 尺度線不可與圖上之任何線段重疊。

(六) 實線、虛線須避免穿越尺度線。

(七) 線條重疊時，均以較粗者為優先。

(八) 遇粗細相同時，則以重要者為優先。

二、 重疊之優先次序如下

記憶法：實（粗實）→虛→中→折→尺→剖。

圖5-5　線條之優先次序

5-5 ｜點、線、面、體之投影

一、 點的投影法

(一) 點之投影特性：

1. 點的投影，在任何投影面上仍為點。

2. 點在各象限之投影：

點所在的位置	圖例	說明
第 I 象限	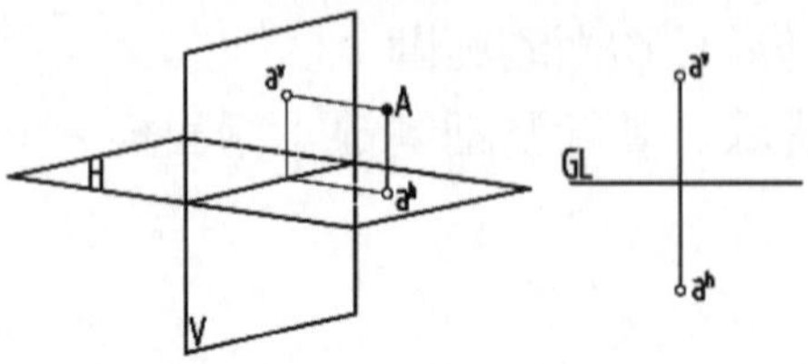	V 在上，H 在下

點所在的位置	圖例	說明
第Ⅱ象限	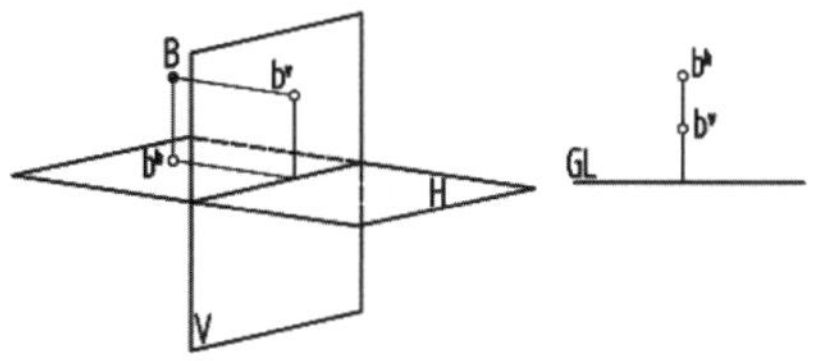	V，H皆在上（投影重疊，工程上不採用）
第Ⅲ象限	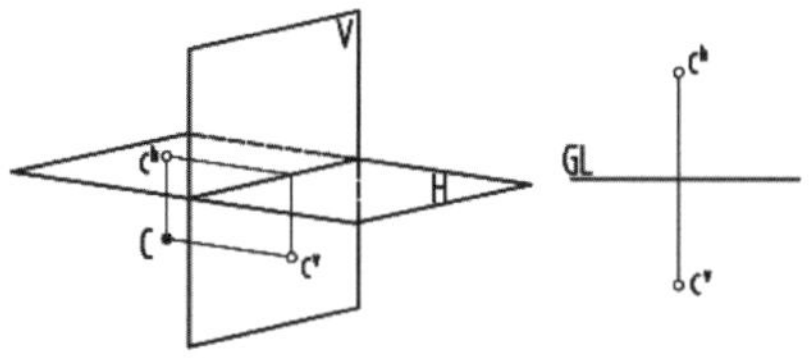	H在上，V在下
第Ⅳ象限	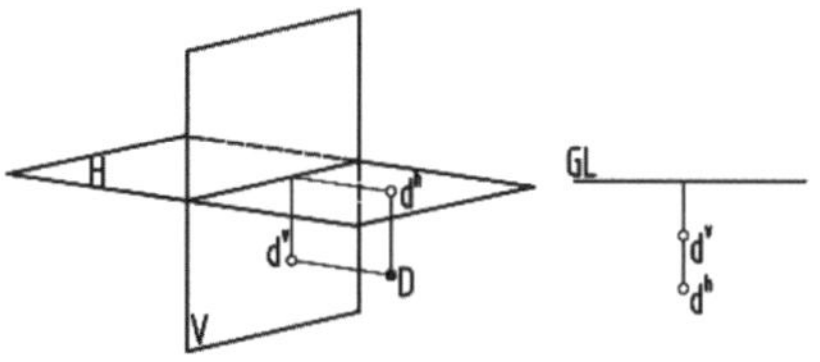	V，H皆在下（投影重疊，工程上不採用）

(二) 點之投影定理：

1. 定點的兩投影，必在和基線垂直的一直線上。
2. 空間一定點，到水平面的距離，與同點的直立面投影到基線的距離相等。
3. 一點得代表水平面與直立面兩投影時，則此點必在基線上。

二、直線的投影法

(一) 直線之特性：

1. 直線的投影一般仍為直線。
2. 當直線垂直於某一投影面時，則在該投影面上之投影為一點，此點稱為該直線之端視圖。
3. 兩相交直線的投影，仍必相交。
4. 一直線平行於投影面時，此直線在該投影面之正投影為實長。
5. 兩互相平行直線的相當投影，一般情況仍必平行。

(二) 直線可能通過的象限：

1. 無限長之直線，平行於GL時，僅可通過一個象限。
2. 直線平行於HP或VP，或穿過GL時，可通過兩個象限。

3. 無限長之任意直線不平行於任何投影面，可通過三個象限。

4. 任意直線，可通過一個、兩個或三個象限，**最多只能通過三個象限**。

(三) **直線的種類：**

種類	定義	圖例	說明
正垂線（正線）	當一直線平行於任兩投影面，而垂直於另一投影平面者，謂之正垂直線。	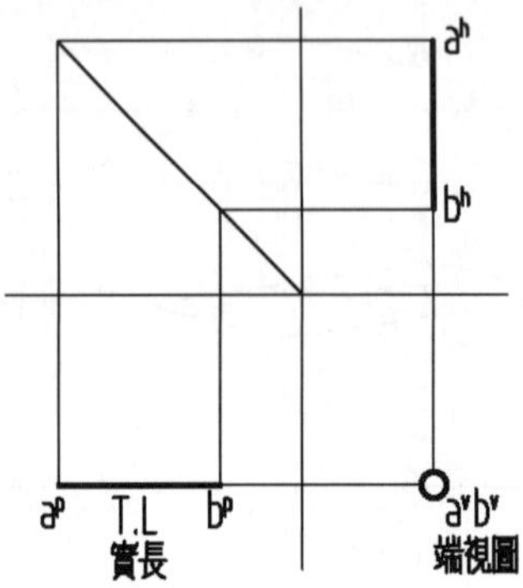	與任一投影面垂直的直線，其投影在同投影面上為一點（端視圖），在其他投影面上為垂直於基線的直線，而其長等於定直線的實長。
單斜線	當一直線與一投影面平行，而與其餘兩投影面傾斜時，謂之單斜線。	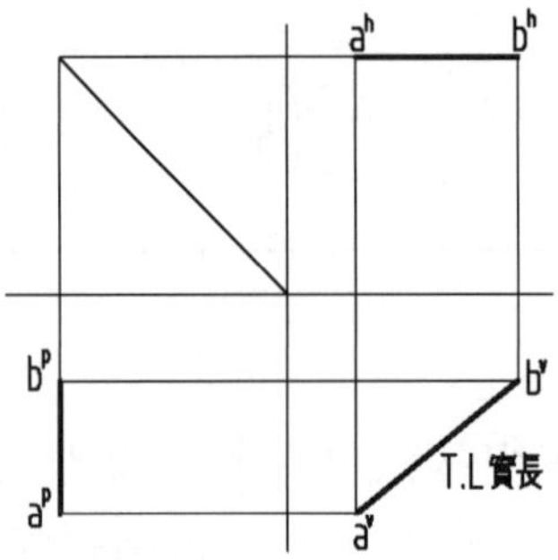	與一投影面平行，他投影面傾斜之直線的投影，在平行的畫面為等於定直線實長。
複斜線（歪線）	當一直線不平行且不垂直於任何投影面時，謂之複斜線，或稱歪線。	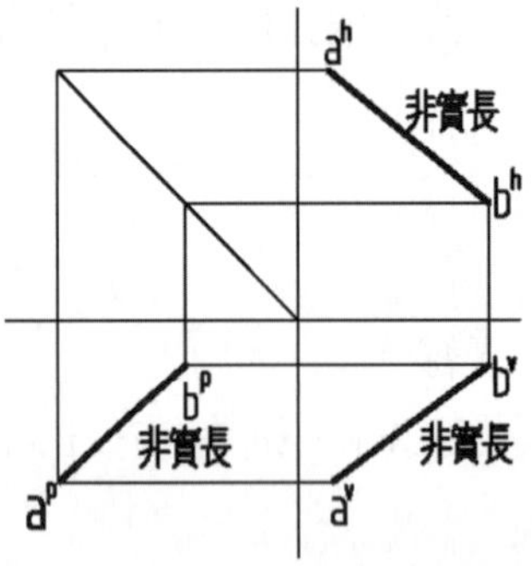	1. 任意斜線的投影長均比定直線的實長短。 2. 三線皆縮短。

三、平面的投影法

(一) **平面之特性：**

1. 平面的投影一般仍為平面。

2. 當平面垂直於某一投影面時，則在該投影面上之投影為一直線，此直線稱為該直線之邊視圖。

(二) **平面的決定**：

1. 不在同一直線上之三點，可決定一平面。
2. 一直線和線外一點，可決定一平面。
3. 兩相交直線，可決定一平面。
4. 兩平行直線，可決定一平面。

(三) **平面可通過之象限數**：

1. 平面至少通過兩個象限。
2. 平面通過三個象限：平面平行於基線，垂直於側平面。
3. 平面通過四個象限：

   (1) 任意位置，或垂直基線之平面，或通過基線，但不與其一致者。

   (2) 在一般情況下，平面均通過四個象限。

4. 平面的種類：

種類	定義	圖例	說明
正垂面 （正面）	若一平面平行於一投影面，且與另二投影面垂直者，謂之正垂面。		此平面投影後，在與其平行之投影面上，顯示其真實形狀及大小。
單斜面	若一平面傾斜於二投影面，而垂直於另一投影面者，謂之單斜面。		(1)單斜面在三投影面上之投影，會產生二平面，一斜線。該斜線為單斜面的邊視圖。 (2)一線兩面（變形）。
複斜面 （歪面）	若一平面均傾斜於三投影面者，謂之複斜面，又稱歪面。		(1)複斜面又稱歪面。 (2)N邊形複斜面在三投影面上之投影均變形且縮小N邊形。 (3)三面（變形）。

牛刀小試

(　　) **1** 關於正投影的敘述，下列何者正確？　(A)當一直線平行於一主
要投影面且傾斜於另外兩個主要投影面，則該直線稱為正垂線
(B)正垂面在與其垂直的投影面上之投影視圖，稱為該正垂面
之正垂視圖　(C)一段單斜線可在三個主要投影面中的其中一
個投影面上顯示其實際長度　(D)當一平面傾斜於兩個主要投
影面時，則該平面稱為複斜面。　　　　　　　　　　　【107統測】

(　　) **2** 下列直線之投影，何者為單斜線？

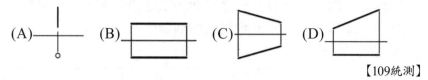

【109統測】

───── **解答與解析** ─────

1 **(C)**。(A)當一直線平行於一主要投影面且傾斜於另外兩個主要投影面，
則該直線稱為單斜線。(B)正垂面在與其平行的投影面上之投影視圖，稱
為該正垂面之正垂視圖。(D)當一平面傾斜於三個主要投影面時，則該
平面稱為複斜面（歪面）。

2 **(D)**。(A)為正垂線。(B)為水平線。(C)為複斜線。

5-6 ｜正投影多視圖

一、投影箱多視圖

(一) **投影箱**：一個投影箱共有六個投影平面，將物體放入投影箱後，透過投
影箱看到物體之六個投影面。

(二) **六個投影面視圖**：前視圖、後視圖、俯視圖、仰視圖、左視圖、右視圖。

二、投影的方法

(一) **第一角法**：凡將物體置於第一象限內，以「視點（觀察者）」→「物
體」→「投影面」關係而投影視圖的畫法，即稱為第一角法，亦稱第一
象限法，如圖5-6所示。

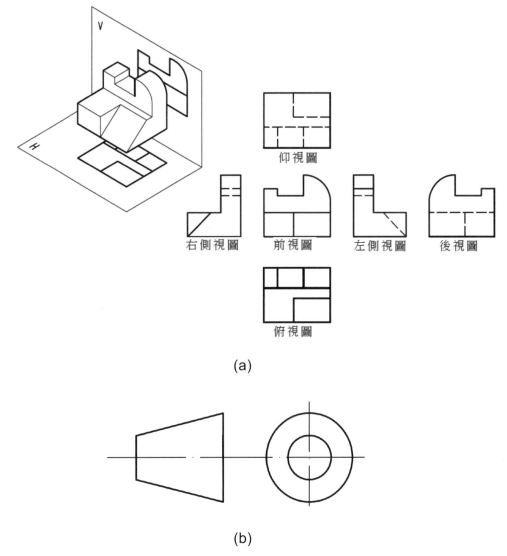

(a)

(b)

圖5-6 第一角法(a)排列位置及(b)符號

(二) 第三角法：凡將物體置於第三象限內，以「視點（觀察者）」→「投影面」→「物體」關係而投影視圖的畫法，即稱為第三角法，亦稱第三象限法，工程上最為常用，如圖5-7所示。

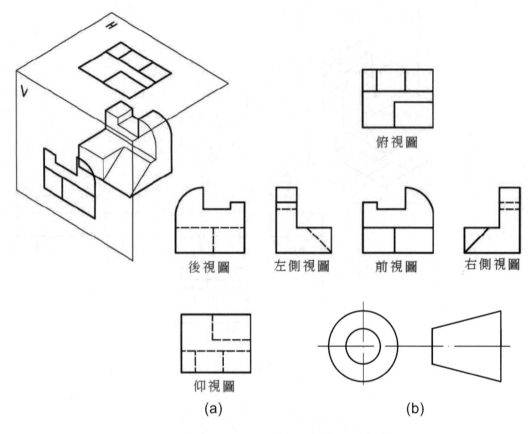

俯視圖

後視圖　　　左側視圖　　　前視圖　　　右側視圖

仰視圖

(a)　　　　　　　　　　　　　　(b)

圖5-7　第三角法(a)排列位置及(b)符號

三、選擇視圖之法則

(一) CNS規定第一角法與第三角法同等適用。

(二) 同一張圖面中不可同時使用此二種投影法。

(三) 通常只選前視圖、俯視圖、右側視圖（或左側視圖）三個視圖即可。

(四) 三視圖中尺度的表達：

　1. 前視圖：表示物體之**寬度**與**高度**。

　2. 側視圖：表示物體之**深度**與**高度**。

　3. 俯視圖：表示物體之**寬度**與**深度**。

(五) 兩視圖表達：**角柱、角錐、圓柱、圓錐**等構造不甚複雜之物體或機件，通常可用**兩視圖**表達。

(六) 單視圖表達：**薄板、實心圓球**等形狀簡單之機件，可直接以**單視圖**（通常取前視圖），配合註解t（厚度）、Sφ（球直徑）、SR（球半徑）即可。

牛刀小試

(　) **1** 在工程製圖中，有關正投影之敘述，下列何者正確？　(A)正投影視圖是視點距物體於無窮遠處，投射線傾斜於投影面所得到之視圖　(B)第一角投影法是將物體置於投影面後方，且依觀察者→投影面→物體之順序排列的一種正投影法　(C)應用正投影原理繪製的立體圖可分為等角圖、等斜圖和透視圖　(D)依照CNS規定，在同一張圖中，採用第三角法時，就不得同時採用第一角法，反之亦同。　【106統測】

(　) **2** 如圖為某物體的三視圖（第三角投影法），則該物體具有幾個單斜面和複斜面？
(A)一個單斜面和一個複斜面
(B)一個單斜面和二個複斜面
(C)二個單斜面和二個複斜面
(D)二個單斜面和一個複斜面。

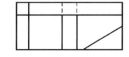

【108統測】

―――― **解答與解析** ――――

1 (D)。 (A)正投影視圖是視點距物體於無窮遠處，投射線垂直於投影面所得之視圖。(B)第三角投影法是將物體置於投影面後方，且依觀察者→投影面→物體之順序排列的一種正投影法。(C)應用正投影原理繪製的立體圖可分為等角圖、二等角圖及不等角圖三種。

2 (D)。 如下圖解析之立體圖所示，依據CNS標準第三角正投影法得知二個單斜面和一個複斜面(D)正確。

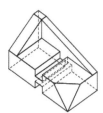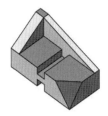

5-7 │ 視圖之選擇排列

一、視圖選擇之要領

(一) 選擇能夠完整表達一物件的形狀特性，並且選用最少的視圖。

(二) 選擇最能表達物體特徵之視圖為前視圖。

(三) 選擇虛線最少，且最能表現物體特徵者為視圖。

(四) 選擇符合機件製作加工程序之方位一致，例如車床加工圖以水平方位為宜。

二、視圖排列之要領

(一) 三視圖的排列應遵守第一角投影法或第三角投影法的方式繪製。

(二) 視圖與視圖間的排列必須上下左右對齊、節省空間，不可隨意排列。

(三) 注意視圖需與加工製造方位一致才行。

5-8 │ 立體正投影圖

(一) 正投影為觀察者在無窮遠處觀察物體。投射線相互平行，形成平行投影。投射線與投影面垂直。與投影面平行之物體其投影大小不變。

(二) 立體正投影乃將物體旋轉，使其三面可見，而僅用一個投影面所作之正投影。

(三) 立體正投影又可分為如下三種投影圖，如圖5-8所示：

等角**投影圖**	三軸線之夾角互成等角（120°）。
二等角**投影圖**	三軸線中有二軸線之夾角相等。
不等角**投影圖**	三軸線之夾角互為不相等。

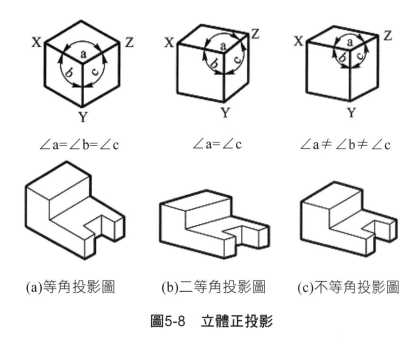

∠a=∠b=∠c　　　　∠a=∠c　　　　∠a≠∠b≠∠c

(a)等角投影圖　　　(b)二等角投影圖　　　(c)不等角投影圖

圖5-8　立體正投影

(四) 等角投影圖：

1. 設有一正方形六面體，其三主要面平行於投影面，則在各投影面僅能見到物體之一個正平面之三視圖。

2. 等角投影圖為將物體繞直立軸旋轉45°，則前視圖和側視圖兩面邊長均縮短為原邊長0.707（$1/\sqrt{2}$ 或 $\sqrt{2}/2$）倍（70.7%）。

3. 若再繞水平軸前傾35°16'，則邊長縮短為原邊長81.6%。

4. 三軸在前視圖互成120°夾角，此三軸稱為等角軸。

(五) 等角圖：

1. 等角圖為物體實際長度的100/100。依實長直接量度在等角軸上（或與等角軸平行的直線上），而繪出之立體圖稱為等角圖。

2. 等角投影圖與等角圖的不同，在於等角圖忽略邊長縮率81.6%，以物體實際邊長進行繪製。

3. 等角圖繪製不必換算或製作等角投影尺，可直接在等角軸或等角線上直接實長量度，非常方便，所以一般工程上都採用等角圖。

4. 與等角軸平行的直線稱為等角線，可以直接在等角線上做物體實長量度。

5. 與等角軸不平行的直線稱為非等角線，不可以直接在非等角線上做物體實長量度。

6. 正方形的物面，在等角圖繪製法中是呈現60°菱形。

牛刀小試

(　　) 有關工程圖之徒手畫與正投影，下列何者<u>不正確</u>？　(A)斜投影是將一物體與投影面平行，其投影線互相保持平行，但與投影面傾斜一角度　(B)徒手畫繪製圖形宜用F或H級鉛筆，而書寫文字宜使用HB或H級，其線條粗細須符合CNS製圖標準　(C)等角投影圖與等角圖之形狀相同，但大小不同，其等角圖的大小約為等角投影圖的81%　(D)徒手繪製水平線時，短線用手腕為力矩點畫出，而畫垂直線時是由上而下繪製。　　　　　【109統測】

解答與解析

(C)。等角投影圖與等角圖之形狀相同，但大小不同，其等角投影圖的大小約為等角圖的81%。

5-9 | 識圖方法

一、直接判斷識圖法
(一) 為最有效率的識圖方式，透過平面的視圖，直接憑想像組合成物體的形態。
(二) 可從視圖中找出**最具物體特徵的視圖**做為判斷。
(三) 可透過投影原理，快速得知物體具有什麼特徵。

二、模型切割輔助識圖法
藉由切割黏土等材料，逐漸完成模型，來幫助判斷識圖形狀。

三、畫立體圖輔助識圖法
依照物體之寬度、高度及深度定出等角軸，徒手畫出立方盒，再來將各視圖上的線段畫於立方盒等角面上，再補上缺少的線條，擦去不用的線條即完成。

四、聯想形狀輔助識圖法

方法為將其中一個視圖，想像成可能產生的各種物體形狀，再配合其他視圖，即可塞選出正確形狀。

五、編號輔助識圖法

此方法為在視圖上各交點編上編號，利用投影找出編號相對應於其他視圖的位置。

牛刀小試

(　　) 1 已知一物體之第三角投影法的前視圖和俯視圖，如圖(三)所示，下列何者為正確之右側視圖？

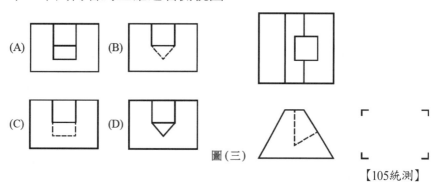

圖(三)

【105統測】

(　　) 2 已知一物體之第三角投影法的三視圖，如圖(四)所示，下列何者為正確之等角圖？

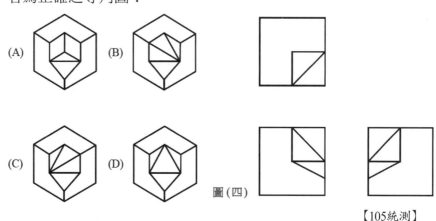

圖(四)

【105統測】

(　　) **3** 已知一物體之第三角投影法的俯視圖和右側視圖，如圖(五)所示，下列何者為正確之前視圖？

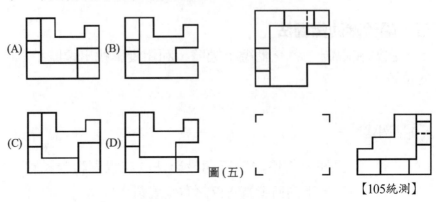

圖(五)

【105統測】

(　　) **4** 已知一物體之第三角投影法的三視圖，如圖所示，此物體具有幾個單斜面和複斜面？
(A)三個單斜面和二個複斜面
(B)三個單斜面和一個複斜面
(C)二個單斜面和二個複斜面
(D)二個單斜面和一個複斜面。

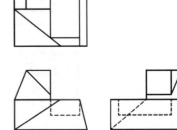

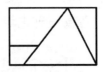

【105統測】

(　　) **5** 已知一物體之第三角投影法的三視圖，如圖所示，試問此物體共具有幾個面？
(A)8　　(B)9
(C)10　　(D)11。　　【106統測】

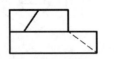

( ) **6** 已知一物體之第三角投影法的前視圖和俯視圖,如圖所示,下列何者為正確之右側視圖?

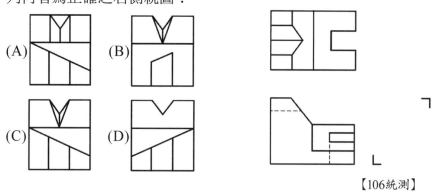

【106統測】

( ) **7** 如圖所示為一物體依第三角法繪製之前視圖及俯視圖,下列何者為其正確的左側視圖?

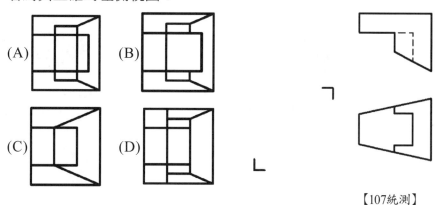

【107統測】

( ) **8** 如圖所示一物體的前視圖和俯視圖(第三角投影法),下列何者為正確的右側視圖?

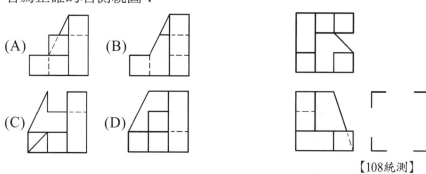

【108統測】

(　　)　**9** 如圖所示一物體的前視圖和俯視圖（第三角投影法），下列何
者為正確的右側視圖？

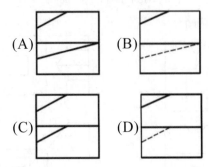

(A)　(B)

(C)　(D)

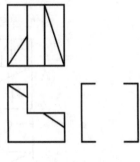

【109統測】

─────**解答與解析**─────

1 (C)。如解析立體圖所
示，依據CNS標準第三角
正投影法得知(C)正確。

2 (D)。依據CNS標準第三角
正投影法得知(D)正確。

3 (D)。如解析立體圖所
示，依據CNS標準第三角
正投影法得知(D)正確。

4 (A)。如解析立體圖所
示，依據CNS標準第三角
正投影法得知(A)正確。

5 (C)。如解析立體圖所
示，依據CNS標準第三角
正投影法得知(C)正確。

6 (D)。如解析立體圖所
示，依據CNS標準第三角
正投影法得知(D)正確。

7 (B)。如解析立體圖所示，
依據CNS標準第三角正投影
法得知(B)正確。

8 (C)。如解析立體圖所示，
依據CNS標準第三角
正投影法得知(C)正確。

9 (#)。(A)(B)依CNS標準第三角正投影法得知。本題官方公告選(A)或(B)
均給分。(A)  。(B) 。

5-10 | 識圖要領

一、視圖之佈圖
(一) 選擇視圖數量、方向以及位置，並且決定圖面之比例大小。
(二) 定出視圖位置，估出視圖與視圖之間的間距，間距需考慮整體平均佈圖
　　以及預留標註尺寸之空間。

二、製圖之方法
(一) 將視圖利用製圖設備與用具繪製出來，稱為製圖（drafting）。
(二) 製圖之三視圖投影，可以使用萬能製圖儀或是丁字尺搭配三角板，水平
　　投影適用於前視圖與側視圖，垂直投影適用於前視圖與俯視圖，如俯視
　　圖與側視圖之投影，可畫45°傾斜線。

三、製圖之步驟
(一) 首先決定投影法。
(二) 選擇圖紙大小，依照圖紙大小畫上圖框線以及標題欄。
(三) 決定視圖數量、方向以及位置，並且決定圖面之比例大小。
(四) 佈置視圖。
(五) 定出視圖之中心線或基準線。
(六) 繪製視圖內主要細節部分，三個視圖配合投影同時完成，不可單一完成。
(七) 繪製視圖內次要細節部分。
(八) 依線條之粗細、種類逐漸畫出完成線，最後擦拭不必要之作圖線後，校
　　核完成。

牛刀小試

(　　)　如圖所示為三角平面abc的直立投影(V)及側投影(P)，下列何者為其正確的水平投影(H)？

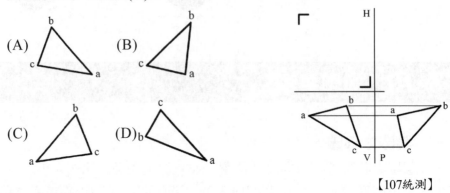

(A)

(B)

(C)

(D)

【107統測】

──── 解答與解析 ────

(C)。如解析立體圖所示，依據CNS標準第三角正投影法得知(C)正確。

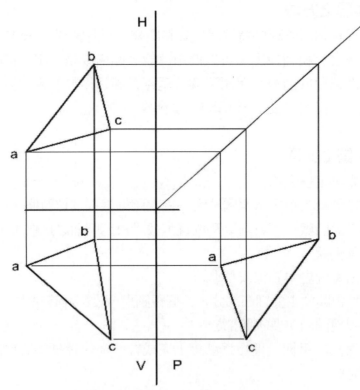

考前實戰演練

( )　**1** 下列敘述何者正確？　(A)斜投影之投射線與投影面不垂直，且投射線彼此不平行　(B)正投影中，物體置於觀察者與投影面之間，是謂第三角法投影法　(C)透視投影圖中，投射線彼此不平行　(D)正投影中，第一角投影法的右側視圖位於其前視圖的右側。

( )　**2** 等角圖中，凡與等角軸平行而直接可在圖面上量度線長的線稱為？　(A)隱藏線　(B)投射線　(C)等斜線　(D)等角線。

( )　**3** 如下圖中有四個點，何者的位置最低？

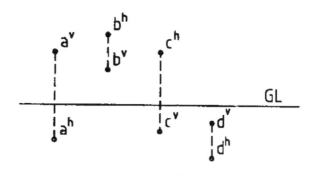

(A)a點　　　　　　　　　　(B)b點
(C)c點　　　　　　　　　　(D)d點。

( )　**4** 關於第三角法，下列敘述何者<u>不正確</u>？　(A)各視圖的排列方式，與物體展開位置相同，故易讀易懂　(B)相鄰兩視圖中，代表物體同稜的線比第一角法靠近，故標註尺度較易集中　(C)投影的順序為觀察者→物體→投影面　(D)投影符號是 ◉─ ◁ 。

( )　**5** 有關各種平行投影視圖之敘述，下列何者<u>不正確</u>？　(A)正方形的物面，在等角圖繪製法中是呈現60°菱形　(B)等角投影圖與等角圖的不同，在於等角投影圖忽略邊長縮率81%，以物體實際邊長進行繪製　(C)繪製等斜圖時應選擇物體最複雜或形狀特殊的一面為正面，使之與投影面平行　(D)在不等角投影圖中，三軸線所形成的夾角均不相等。

(　) 　**6** 機械識圖係利用下列何種投影原理，將平面視圖轉化成立體形狀之思考過程？　(A)透視投影　(B)斜投影　(C)副投影　(D)正投影。

(　) 　**7** 下列何者<u>不屬於</u>正投影立體圖？　(A)等斜圖　(B)等角圖　(C)二等角投影圖　(D)不等角投影圖。

(　) 　**8** 下列何者<u>不屬於</u>透視圖的分類？　(A)斜角透視　(B)平行透視　(C)成角透視　(D)傾斜透視。

(　) 　**9** 所謂二等角投影圖即是？　(A)兩條投射線互相行　(B)兩個投影面面積相等　(C)兩條投影長度相等　(D)三軸所成的角度，有兩個角相等。

(　) 　**10** 半斜圖之斜投影之投射線與投影面成？　(A)平行　(B)35°16′　(C)45°　(D)63°。

(　) 　**11** 一個正圓在斜視圖之正面上呈現還是正圓，因為此正面與投影面？　(A)平行　(B)垂直　(C)傾斜30°角　(D)傾斜45°角。

(　) 　**12** 如圖所示之立體圖，依箭頭方向，下列何者為正確之視圖？

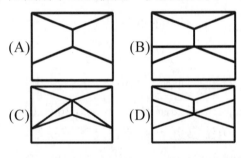
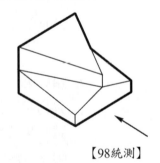

【98統測】

(　) 　**13** 如圖所示之立體圖，依箭頭方向，下列何者為正確之視圖？

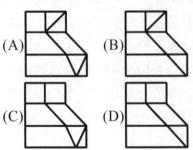
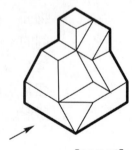

【98統測】

(　　) **14** 已知物體之俯視圖及前視圖，如圖所示，下列何者為其正確之右
側視圖？

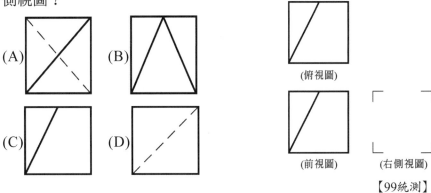

(A)　　　(B)

(C)　　　(D)

(俯視圖)

(前視圖)　(右側視圖)

【99統測】

(　　) **15** 已知物體的俯視圖及前視圖，如圖所示，下列何者為其正確之右
側視圖？

(A)　　　(B)

(C)　　　(D)

(俯視圖)

(前視圖)　(右側視圖)

【99統測】

(　　) **16** 已知物體的俯視圖及右側視圖，如圖所示，下列何者為其正確之
前視圖？

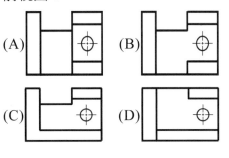

(A)　　　(B)

(C)　　　(D)

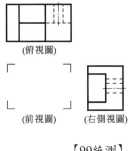

(俯視圖)

(前視圖)　(右側視圖)

【99統測】

(　　) **17** 如圖立體圖所示，依箭頭方向投影，下列視圖何者正確？

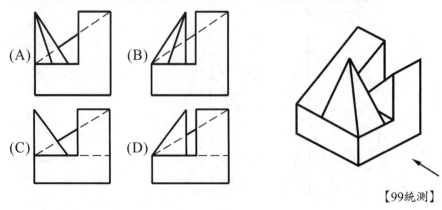

【99統測】

(　　) **18** 已知物體之俯視圖及前視圖，如圖所示，下列何者為其正確之立體圖？

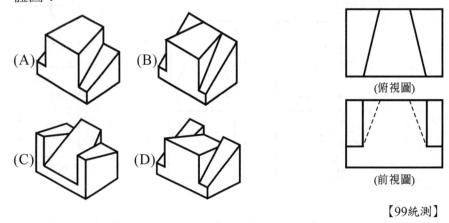

【99統測】

(　　) **19** 已知物體之立體圖，如圖所示，若依箭頭方向投影，則下列何者為其正確之視圖？

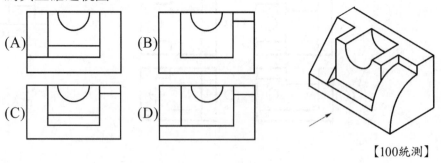

【100統測】

(　　) **20** 已知物體之前視圖、俯視圖與左側視圖，如圖所示，下列何者為其正確之立體圖？

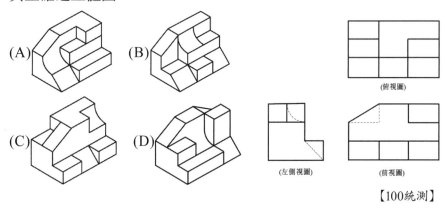

【100統測】

(　　) **21** 已知物體之前視圖與俯視圖，如圖所示，下列何者為其正確之右側視圖？

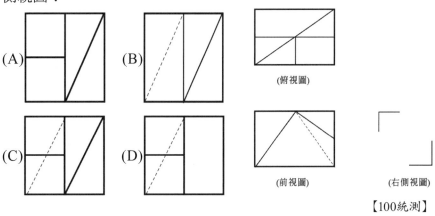

【100統測】

(　　) **22** 已知物體之前視圖、俯視圖及右側視圖，如圖所示，下列何者為其正確之立體圖？

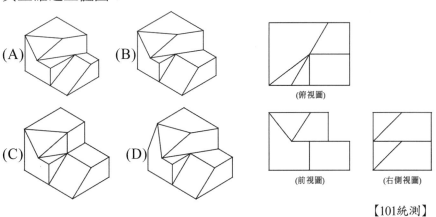

【101統測】

(　　) **23** 已知物體之前視圖與俯視圖，如圖所示，下列何者為其正確之右側視圖？

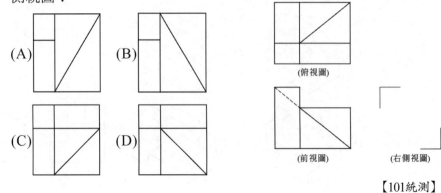

【101統測】

(　　) **24** 已知物體之前視圖及俯視圖，如圖所示，下列何者為正確之右側視圖？

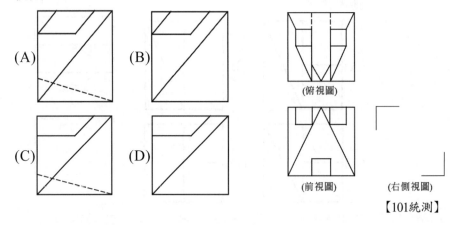

【101統測】

(　　) **25** 如圖所示之立體圖，若以第一角法繪出其前視圖、右側視圖及左側視圖，則下列何者正確？

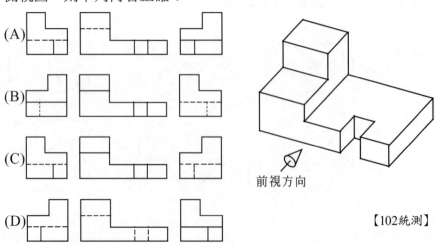

前視方向

【102統測】

( ) **26** 如圖所示為第三角法表示之左側視圖與俯視圖，下列何者為該物體之前視圖？

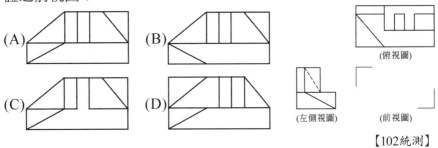

【102統測】

( ) **27** 如圖所示為第三角法表示之前視圖與右側視圖，下列何者為其俯視圖？

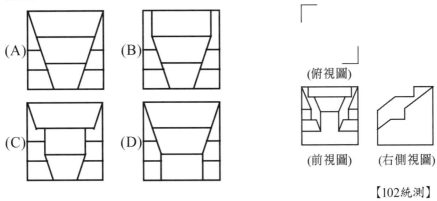

【102統測】

( ) **28** 左圖立方體以第三角法表示之各投影視圖，下列何者正確？

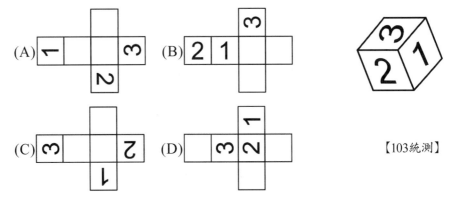

【103統測】

（　　）**29** 當n點在第四象限時，下列投影圖何者正確？

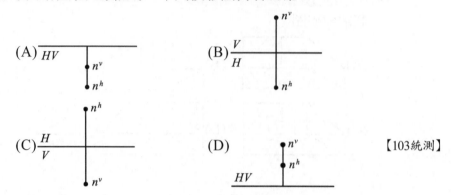

【103統測】

（　　）**30** 如圖是以第三角法表示之前視圖與右側視圖，則下列何者為正確的上視圖？

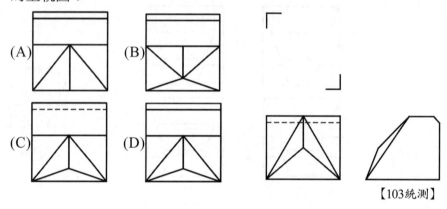

【103統測】

（　　）**31** 如圖是以第三角法表示之上視圖與右側視圖，則下列何者為正確的前視圖？

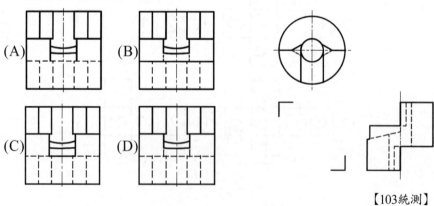

【103統測】

( ) **32** 一物體放於一投影箱內，依第一角法投影後將投影箱展開，則下
列何者為正確的投影視圖表示方式？

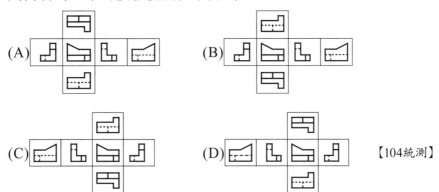

【104統測】

( ) **33** 如圖所示之正投影視圖，具有幾個單斜面
和複斜面？
(A)1個單斜面，3個複斜面
(B)3個單斜面，1個複斜面
(C)2個單斜面，3個複斜面
(D)2個單斜面，2個複斜面。

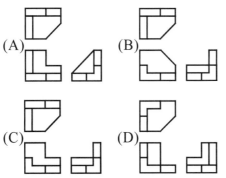

【104統測】

( ) **34** 已知一物體之立體圖，如右圖所示，則下
列何者為正確之第三角法正投影視圖？

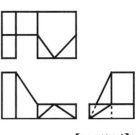

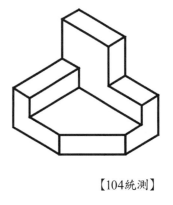

【104統測】

（　　）**35** 已知一物體之第三角法的俯視圖和右側視圖，如下圖所示，則下列何者為正確之前視圖？

(A)　(B)

(C)　(D)

（　　）**36** 已知一物體之第三角投影法的前視圖和俯視圖，如圖所示，下列何者為正確之右側視圖？

(A)　(B)

(C)　(D)

（　　）**37** 已知一物體之第三角投影法的三視圖，如圖所示，下列何者為正確之等角圖？

(A)　(B)

(C)　(D)

(　　) **38** 已知一物體之第三角投影法的俯視圖和右側視圖，如圖所示，下列何者為正確之前視圖？

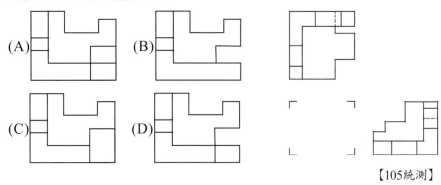

(A)　(B)　(C)　(D)

【105統測】

(　　) **39** 已知一物體之第三角投影法的三視圖，如圖所示，此物體具有幾個單斜面和複斜面？

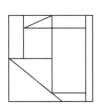
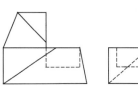

(A)三個單斜面和二個複斜面
(B)三個單斜面和一個複斜面
(C)二個單斜面和二個複斜面
(D)二個單斜面和一個複斜面。

【105統測】

(　　) **40** 在工程製圖中，有關正投影之敘述，下列何者正確？　(A)正投影視圖是視點距物體於無窮遠處，投射線傾斜於投影面所得到之視圖　(B)第一角投影法是將物體置於投影面後方，且依觀察者→投影面→物體之順序排列的一種正投影法　(C)應用正投影原理繪製的立體圖可分為等角圖、等斜圖和透視圖　(D)依照CNS規定，在同一張圖中，採用第三角法時，就不得同時採用第一角法，反之亦同。　　　　　　　　　【106統測】

(　　) **41** 已知一物體之第三角投影法的三視圖，如圖所示，試問此物體共具有幾個面？

(A)8　　　　(B)9
(C)10　　　(D)11。　　　【106統測】

(　　) **42** 已知一物體之第三角投影法的前視圖和俯視圖，如圖所示，下列
何者為正確之右側視圖？

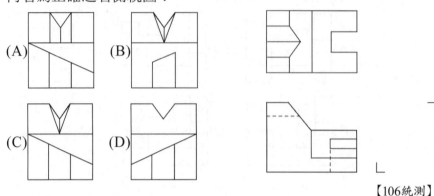

(A)　(B)

(C)　(D)

(　　) **43** 關於正投影的敘述，下列何者正確？　(A)當一直線平行於一主
要投影面且傾斜於另外兩個主要投影面，則該直線稱為正垂線
(B)正垂面在與其垂直的投影面上之投影視圖，稱為該正垂面之
正垂視圖　(C)一段單斜線可在三個主要投影面中的其中一個投
影面上顯示其實際長度　(D)當一平面傾斜於兩個主要投影面
時，則該平面稱為複斜面。　　　　　　　　　　　　　　【107統測】

(　　) **44** 如圖所示為一物體依第三角法繪製之前視圖及俯視圖，下列何者
為其正確的左側視圖？

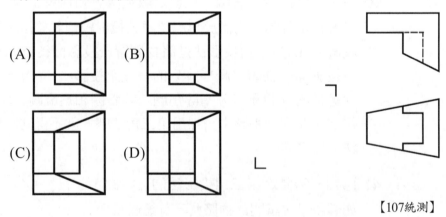

(A)　(B)

(C)　(D)

(　) **45** 如圖所示為三角平面abc的直立投影(V)及側投影(P)，下列何者為
　　　 其正確的水平投影(H)？

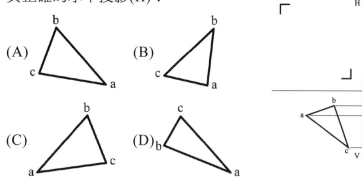

【107統測】

(　) **46** 如圖所示一物體的前視圖和俯視圖（第三角投影法），下列何者
　　　 為正確的右側視圖？

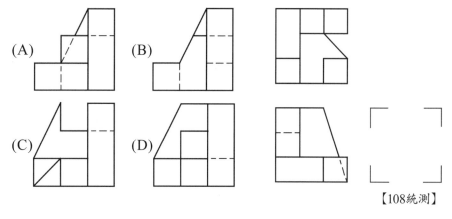

【108統測】

(　) **47** 如圖為某物體的三視圖（第三角投影法），
　　　 則該物體具有幾個單斜面和複斜面？
　　　 (A)一個單斜面和一個複斜面
　　　 (B)一個單斜面和二個複斜面
　　　 (C)二個單斜面和二個複斜面
　　　 (D)二個單斜面和一個複斜面。

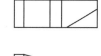
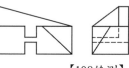

【108統測】

(　　) **48** 有關工程圖之徒手畫與正投影，下列何者<u>不正確</u>？　(A)斜投影是將一物體與投影面平行，其投影線互相保持平行，但與投影面傾斜一角度　(B)徒手畫繪製圖形宜用F或H級鉛筆，而書寫文字宜使用HB或H級，其線條粗細須符合CNS製圖標準　(C)等角投影圖與等角圖之形狀相同，但大小不同，其等角圖的大小約為等角投影圖的81%　(D)徒手繪製水平線時，短線用手腕為力矩點畫出，而畫垂直線時是由上而下繪製。　　　　　【109統測】

(　　) **49** 下列直線之投影，何者為單斜線？

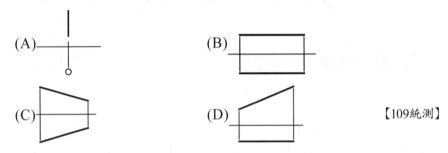

【109統測】

(　　) **50** 如圖所示一物體的前視圖和俯視圖（第三角投影法），下列何者為正確的右側視圖？

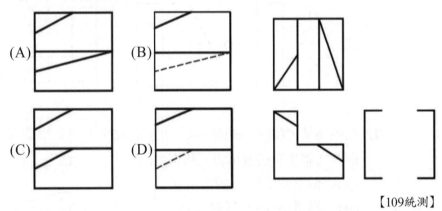

【109統測】

(　　) **51** 在工程製圖中，關於正投影之敘述，下列何者<u>不正確</u>？　(A)第一角投影法中右側視圖在前視圖的左邊　(B)第三角投影法中俯視圖在前視圖的上邊　(C)應用正投影原理所有的投射線均為互相平行　(D)依照CNS規定，一律採用第三角法，不得採用第一角法。　　　　　【110統測】

(　　) **52** 如圖所示為一物體依第三角法繪製之前視圖及俯視圖，下列何者為其正確的左側視圖？

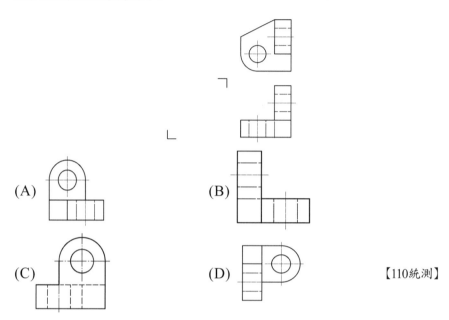

(A)　　　　　　　　　　(B)

(C)　　　　　　　　　　(D)　　　　　　　【110統測】

(　　) **53** 如圖所示為第三角正投影視圖，下列何者為其正確之等角立體圖？

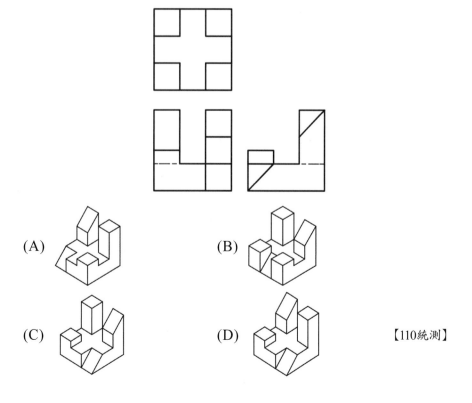

(A)　　　　　　　　　　(B)

(C)　　　　　　　　　　(D)　　　　　　　【110統測】

(　　) **54** 如圖所示，一物體的俯視圖與右側視圖（第三角投影法），下列何者為正確的前視圖？

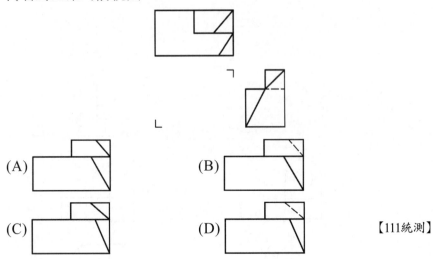

(A)　　　　　　　　　(B)

(C)　　　　　　　　　(D)　　　　　　　【111統測】

(　　) **55** 如圖所示，一物體的三視圖（第三角投影法），則其具有幾個單斜面與複斜面？

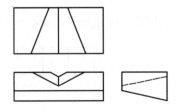

(A)一個單斜面與二個複斜面
(B)二個單斜面與一個複斜面
(C)一個單斜面與一個複斜面
(D)二個單斜面與二個複斜面。　　　　　　　　　　　　　【111統測】

(　　) **56** 關於投影與分類的敘述，下列何者<u>不正確</u>？　(A)光源照射物體表面所投影的假想透明平面，稱其為投影面　(B)依投影線與投影面的關係，可區分為平行投影與斜視投影　(C)視點距物體無窮遠的投射線與投影面平行者，稱為正投影　(D)物體投影至投影面所構成圖像為此物體投影圖，稱為視圖。　　　　　　　【111統測】

(　) **57** 物件可利用投影法繪製出三視圖，下列何者為一物件正確的三視圖（第三角法）？

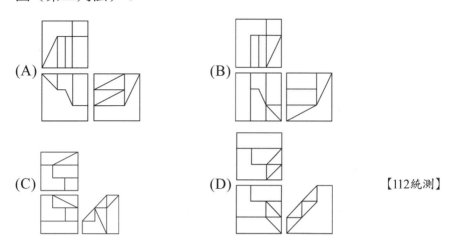

(A)　　　　　　　　　　(B)

(C)　　　　　　　　　　(D)　　　　　　　　　【112統測】

(　) **58** 如圖所示為一物件之正投影三視圖（第三角法），已知俯視圖與前視圖，下列何者為正確的右側視圖？

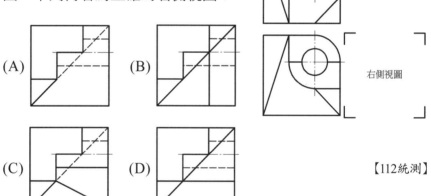

右側視圖

(A)　　　　(B)

(C)　　　　(D)　　　　　　　　　　　【112統測】

(　) **59** 有關投影之敘述，下列何者正確？
(A)透視圖上之投影線互相平行
(B)物體離投影面愈遠，所得的正投影視圖愈小
(C)畫立體圖中的等角圖、二等角圖和等斜圖，都是利用平行投影法
(D)第一象限觀察投影時，投影面、物體、視點的先後順序為視點→投影面→物體。　　　　　　　　　　　　　【112統測】

考前實戰演練

(   ) **60** 如圖所示為一物件的前視圖與俯視圖
（第三角法），下列何者為正確的左
側視圖？

(A)

(B)

左側視圖

(C)

(D)

【112統測】

NOTE

重點導讀

若零件圖沒有完整的標註與註解,加工者便無法製作出來,所以本單元相當重要,要清楚的了解各種尺度的規範與符號,並能正確標註尺度於視圖上,近年來考題多是圖形題,選出圖形中正確或錯誤的尺度標註,雖然不算難但是內容物算多,所以一定要加強此單元的研讀,本書已做好最佳分類,讀起本單元應會更加得心應手,加油!

6-1 │ 基本尺度規範

一、尺度標註與機件組合

(一) 運用投影原理畫出視圖形狀後,還要藉著尺度與註解來表示物件的大小、形狀和位置的完整資料,以利於後續製造加工。

(二) 機械裝置是由多數零件組合成,尺度分為:

功能**尺度**	與其他機件組合有關者,精度較高。
非功能**尺度**	與其他件組合無關者,精度較低。
參考**尺度**	可省略而僅供參考者,須加括弧。

(三) 不管所採用的比例為何,尺度標註均按物體的實際大小(1:1)標註。

二、尺度依標註分類

工作圖尺度標註,主要標註為大小尺度(S)與位置尺度(L):

(一) 大小尺度(S):標註各部位之尺度大小稱為大小尺度。

　1. 一般物體須將物體高度、寬度及深度等大小尺度予以正確標註。

　2. 圓形物體須將物體高度、直徑或半徑等大小尺度予以正確標註。

(二) 位置尺度(L):標註各部位(平面或圓)相關位置之尺度稱為位置尺度,如圖6-1所示。

　1. 矩形位置尺度參考各面由高度、寬度及深度之三方向定其位置。

　2. 圓柱及圓錐形位置尺度參考中心線或底邊(或端面、一個面)定其位置。

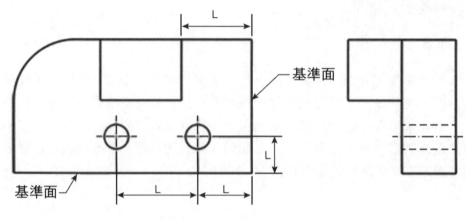

圖6-1　位置尺度（L）

三、常用之尺度標註符號

名稱	符號	標註方式	標註說明
直徑	ϕ	$\phi\,25$	直徑25mm
半徑	R	R25	半徑25mm
方形	□	□25	正方形邊長25mm
球面直徑	$S\phi$	$S\phi\,25$	球面直徑25mm
球面半徑	SR	SR12	球面半徑12mm
錐度	▷	▷ 1：5	錐度1：5
斜度	◁	◁ 1：20	斜度1：20
參考尺度	（　）	（25）	參考尺度25mm
未按比例	—	<u>25</u>	未按比例25mm
板厚	t	t5	板厚5mm
弧長	⌒	⌒25	弧長25mm
絕對真確	□	25	絕對（理論）真確25mm

四、尺度標註內容

尺度標註包括尺度界線（標註位置）、尺度線（標註方向）、箭頭（標註範圍）、指線（標註註解）、數字（標註大小）、符號及文字註解等要素，如圖6-2所示。

(一) 尺度標註之目的是決定物件的位置與大小。

(二) 尺度界線表示尺度的範圍與位置。

(三) 尺度線表示尺度的方向。

(四) 箭頭表示尺度的範圍。

(五) 數字表示尺度的大小。

(六) 指線表示尺度的註解。

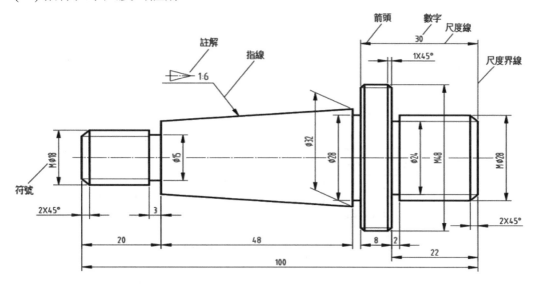

圖6-2　尺度標註內容

五、尺度界線

(一) 尺度界線，以細實線繪成，表示物體的範圍與位置，由距視圖輪廓約1mm之處延伸而出，並終止在尺度線之外約2～3mm，如圖6-3所示，中心線及輪廓線可作尺度界線用，其延伸部分用細實線並不留間隙。

(二) 若遇尺度界線與輪廓線極為接近或平行時，如圖6-4所示，可於該尺度之兩端引出與尺度線約成60°傾斜的平行線作為尺度界線。

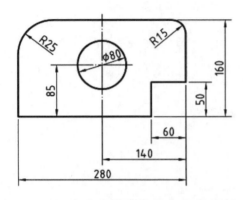

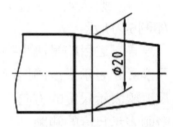

圖6-3　中心線與輪廓線作為尺度界線　　　　圖6-4　傾斜之尺度界線

六、尺度線

(一) 尺度線以細實線繪成，代表尺度的方向，如圖6-5所示。

(二) 尺度線兩端有箭頭，通常應垂直於尺度界線，且不得中斷，各尺度線間隔約為字高之二倍。

(三) 輪廓線與中心線不得用來當作尺度線，但可用來當作尺度界線。

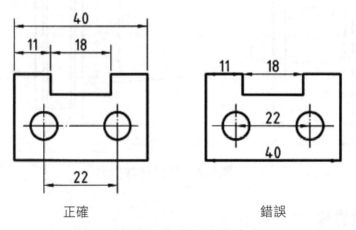

正確　　　　　　　　　　　　錯誤

圖6-5　尺度線代表尺度的方向

七、箭頭

(一) 箭頭大小與形狀如，圖6-6所示，箭頭角度為20°，箭頭長度宜為高度的3倍。

(二) 箭頭通常指向尺度線之兩端。

(三) 若尺度空間狹小時，可將箭頭移至尺度界線外側，若遇有相鄰兩尺度皆很小時可用清楚的小圓點代替相鄰之兩箭頭，如圖6-7所示。

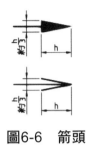
圖6-6 箭頭

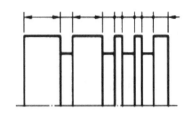
圖6-7 箭頭指向與擁擠之處理方式

八、指線

(一) **指線以細實線繪成專用於註解**，由一水平線與斜線組成，如圖6-8所示，其斜線與水平線約成45°或60°。

(二) 指線盡量避免與尺度線、尺度界線或剖面線平行；指線指示端有箭頭，註解一律書寫在水平線之上方，水平線可繪成多層，但應與註解等長。

(三) **指線不得標註尺度**，亦不可代替尺度線或尺度界線。

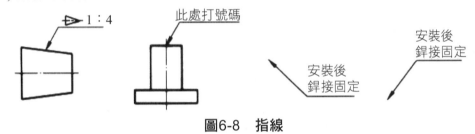
圖6-8 指線

九、數字大小

(一) 數字表明尺度大小，位置在尺度線之上方；且尺度線不得中斷。

(二) 數字方向**朝上、朝左**均可，**水平方向之數字朝上書寫，垂直方向之數字朝左書寫**，傾斜方向之數字沿尺度線方向書寫。

十、與線條相交之尺度數字

尺度數字及符號**應避免與剖面線或中心線相交**。如不可避免時，前述線條應中斷讓開，如圖6-9所示。

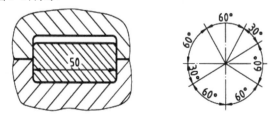
圖6-9 與線條相交數字及角度數字之位置與方向

十一、 角度的數字

角度的數字，其位置在尺度線之上方標註，如圖6-9所示。

十二、 立體圖尺度數字讀向

立體圖尺度數字讀向，需順著尺度線方向標註，如圖6-10所示。

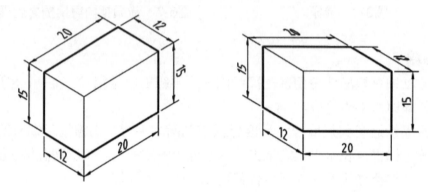

圖6-10 立體圖尺度數字讀向

十三、 圖形比例

(一) 整張圖面所繪製之圖形若比例均為1：2，則於標題欄內註入1：2。

(二) 若有部分未依1：2繪圖，而採1：1之比例，則需在1：1之比例所繪製之圖形註明1：1，並且在標題欄內註入1：2（1：1）。

十四、 未按比例尺度繪製

若視圖部分尺度未按比例繪製，應在尺度數字之下方加一橫線粗細同數字，以便識別，例如75。

十五、 更改尺度

交付工廠後的圖面若需要更改尺度，不可直接擦掉，應將原尺度將雙線劃掉，並在新尺度旁加註正三角形的更改記號，如圖6-11所示。

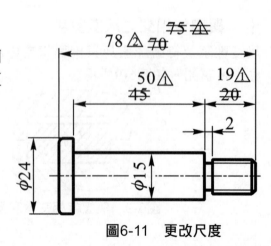

圖6-11 更改尺度

牛刀小試

( ) **1** 有關尺度標註，下列敘述何者正確？ (A)尺度界線以細實線表示，終止於尺度線向外延伸約4～6mm處 (B)尺度線介於尺度界線間的距離大小，用以表示長度大小，以細實線繪製 (C)箭頭長度為標註尺度數字之高度，尖端夾角為30° (D)指線用細鏈線繪製，與水平線成平行或垂直。 【105統測】

( ) **2** 如圖所標示的11個尺度中，大小尺度與位置尺度各有幾個？

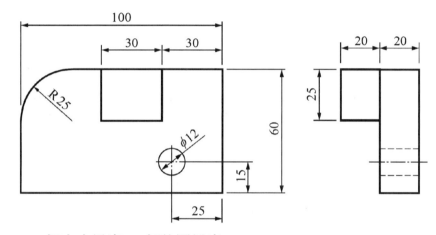

(A)9個大小尺度，2個位置尺度
(B)8個大小尺度，3個位置尺度
(C)7個大小尺度，4個位置尺度
(D)6個大小尺度，5個位置尺度。 【106統測】

( ) **3** 有關尺度標註之敘述，下列何者正確？ (A)尺度標註之目的是決定物件的形狀與大小 (B)尺度界線是表示尺度的方向，尺度線是確定尺度的範圍 (C)視圖上之輪廓線與中心線不可作為尺度線使用 (D)尺度線用粗實線繪製，繪製時必須與尺度界線垂直。

( ) **4** 有關尺度與尺度符號的敘述，下列何者正確？ (A)繪製尺度界線時，應平行於其所標註之尺度 (B)當球面直徑大小為35，其尺度標註符號為SR35 (C)當斜度為1：30時，其尺度標註符號為 ▷──1：30 (D)指線僅用於註解加工法與註記，不可替代尺度線。 【109統測】

───── 解答與解析 ─────

1 (B)。(A)尺度界線以細實線表示，終止於尺度線向外延伸約2～3mm
處。(C)箭頭長度為標註尺度數字之大小，尖端夾角為20°。(D)指線用細
實線繪製，與水平線成45°或60°，不可與水平線成平行或垂直。

2 (B)。8個大小尺度，3個位置尺度。3個位置尺度分別為15、25、30。

3 (C)。(A)尺度標註之目的是決定物件的位置與大小。(B)尺度線是表示
尺度的方向，尺度界線是確定尺度的範圍。(D)尺度線用細實線繪製，
繪製時必須與尺度界線垂直。

4 (D)。(A)繪製尺度界線時，應垂直於所標註之尺度。(B)當球面直徑大
小為35，其尺度標註符號為S φ 35。(C)當錐度為1：30時，其尺度標註
符號為 ───▷──1:30。

6-2 ｜長度標註

一、長度尺度標註

(一) 矩形長度泛指物體之寬度、高度、深度等尺度大小。

(二) 圓形長度泛指物體之直徑、半徑、長度等尺度大小。

二、長度尺度標註注意事項

(一) 狹窄部位之尺度標註，如圖6-12所示，箭頭畫在尺度界線之外側，尺度
線不得中斷，且數字寫於尺度線上方。

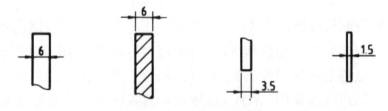

圖6-12　長度尺度標註

(二) 有多個連續狹窄部位在同一尺度線上，其尺度數字應分為高低兩排交錯
書寫，或用局部詳圖表示之。

(三) 局部詳圖又稱局部放大圖，用於尺度不易標註位置時，在該位置畫一細
實線外圓並加一英文代號，並在圖上方標註放大比例，如圖6-13所示。

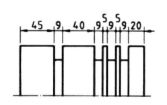
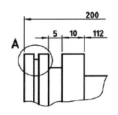

圖6-13 局部詳圖

(四) 稜角消失部位之尺度標註，
其尺度仍應標註於原有之稜
角上，而稜角部分用細實線
繪出，並在交點處加一圓
點，如圖6-14所示。

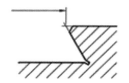
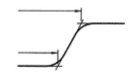

圖6-14 稜角消失之尺度標註

6-3 │角度標註

一、 角度尺度標註泛指角度、去角、錐度與斜度。

二、 角度標註

(一) 角度尺度線為一圓弧線，其中心點為該角之頂點，如圖6-15所示。

(二) 尺度數字盡量註於輪廓線之外側，故可標註於頂角之對角，如圖6-15所示。

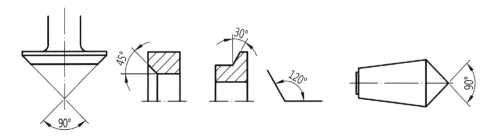

(a)註於頂角內　　　　　　　　　(b)註於對角

圖6-15 角度標註

6-4 │直徑、半徑、球面與弧長標註

一、直徑標註

(一) 凡圓以直徑表示其大小，於數字之前冠以直徑符號「ϕ」，不得省略，其高度、粗細與數字相同，符號中的直線與尺度線成75°，例如ϕ25。

(二) 凡圓或大於半圓之圓弧，應標註其直徑；半圓得標註直徑或半徑。半圓以下標註半徑。

(三) 全圓之直徑以標註於非圓形之視圖上為原則，如圖6-16所示。

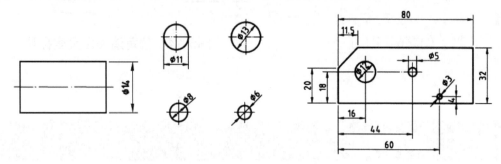

圖6-16　直徑標註於非圓形視圖

(四) 必要時直徑尺度亦可標註於圓形視圖上，如圖6-17所示。

圖6-17　直徑尺度標註於圓形視圖

(五) 半圓或半圓以上之圓弧，直徑尺度必須標註於圓形視圖上，如圖6-17所示。

(六) 由圓周所引伸之尺度界線必須平行於該圓之中心線。

二、半徑標註

(一) 半徑以英文字母大寫符號「R」表示，其高度粗細與數字同，冠於半徑數字之前，不得省略，例如R25。

(二) 半徑尺度線應畫在圓心及圓弧之間為原則，用一個箭頭，指在圓弧上。

(三) 圓弧之半徑太大時，則半徑之尺度線可以縮短，但必須對準圓心。

(四) 圓弧之半徑太小時，則半徑之尺度線可以伸長，或畫在圓弧外側，但必須通過圓心或對準圓心，如圖6-18所示。

圖6-18　半徑標註

三、球面標註

球面以符號"S"表示，其高度粗細與數字同冠於「φ」或「R」之前，例如Sφ25或SR25，如圖6-19所示。

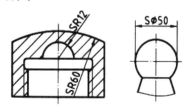

圖6-19　球面標註

四、弧長標註

(一) 弧長符號以「⌒」表示，畫在尺度數字前面，其粗細與數字相同，如圖6-20(a)所示。

(a) 弧長　　　(b) 弦長　　　(c) 角度

圖6-20　弧長標註

(二) 弧長之尺度線為一段圓弧，與弧線用同一圓心。

牛刀小試

( ) 有關尺度標註的敘述，下列何者正確？ (A)錐度標註時，錐度符號之尖端應指向左方 (B)板厚標註時，板厚符號以大寫拉丁字母「T」表示 (C)機件之圓柱或圓孔端面去角，若去角長度為2mm，去角角度為30°時，則標註為2×30° (D)球面標註時，當球面形狀未達一半時，通常標註其球面半徑尺度，並加註「SR」符號於尺度數字前面。 【107統測】

———— 解答與解析 ————

(D)。(A)錐度標註時，錐度符號之尖端應指向右方 ▷ 。(B)板厚標註時，板厚符號以小寫拉丁字母「t」表示。(C)機件之圓柱或圓孔端面去角，若去角長度為2mm，去角角度為45°時，才可標註為2×45°。

6-5 | 方形、去角及板厚標註

一、 方形標註

(一) 方形符號「□」表示。

(二) 符號高度約為數字之 $\frac{2}{3}$，粗細與數字同，繪於邊長數字前，例如□14。

二、 去角標註

(一) 去角標註：去角又名倒角。

(二) 去角不是45°須於圖上標註倒角軸向長度及角度，如圖6-21左圖所示。

(三) 去角45°需標註**倒角軸向長度**×45°，例如2×45°，如圖6-21右圖所示。

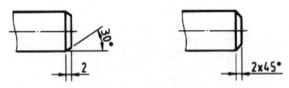

圖6-21 去角標註

三、 板厚標註

(一) 板厚符號「t」表示厚度。

(二) 板厚符號繪於數字前，例如t3。

6-6 │錐度與斜度標註

一、錐度尺度標註

(一) 錐度：錐度為錐體兩端直徑差與其長度之比值，

(二) 錐度$T = \dfrac{D-d}{L}$。

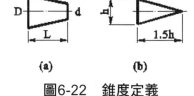

(三) 錐度符號：錐度符號以「▷」表示，符號
高度、粗細與數字相同，水平方向之長度約
為高之1.5倍，尖端恆指向右方。

(四) 錐度標註：錐度值標註於錐度符號之尖端右
方，例如：▷1：5。

圖6-22　錐度定義

二、斜度尺度標註

(一) **物體**兩端高低差與其長度之比值：斜度$T = \dfrac{H-h}{L} = \tan \theta$，如圖6-23所示。

(二) **斜度符號**：斜度符號以「◣」表示，符號高度為數字之半，粗細與
數字同，水平方向之長度約為其高之3倍，即尖角約為15°，如圖6-23所
示，符號尖端恆指向右方。

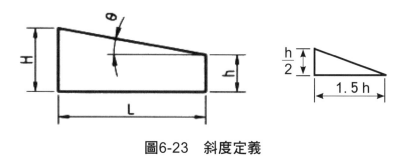

圖6-23　斜度定義

(三) **斜度標註**：斜度之標註，如圖6-24所示，斜度尺度標註於符號尖端右邊。

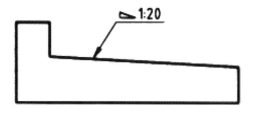

圖6-24　斜度之標註

牛刀小試

(　) **1** 有一帶頭鍵斜邊水平長度150mm，斜邊大端高20mm、小端高10mm，則此帶頭鍵之斜度為何？　(A)1/5　(B)1/30　(C)1/15　(D)2/15。　　　　　　　　　　　　　　　　　　　　【105統測】

(　) **2** 圓錐體工件之長度為120mm、大端直徑60mm、小端直徑40mm，下列何者為正確錐度？　(A)1：8　(B)1：6　(C)1：5　(D)1：4。　　　　　　　　　　　　　　　　　　　　【108統測】

—————— 解答與解析 ——————

1 (C)。 $T = \dfrac{H-h}{L} = \dfrac{20-10}{150} = \dfrac{1}{15}$ 。

2 (B)。 $T = \dfrac{D-d}{\ell} = \dfrac{60-40}{120} = \dfrac{1}{6}$ 。

6-7 | 不規則曲線尺度

一、座標軸線之方式標註

(一) 不規則曲線可用**座標軸線方式**標註，標註時以一端為**加工基準面**標註起，如圖6-25所示。

(二) 基準面或線之選取原則：較多尺度由此面為標註尺度基準者，亦即以此基準面量取者，或圓軸形機件圓心之中心軸線。

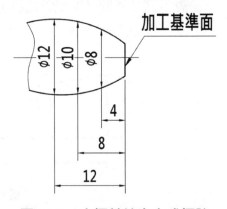

圖6-25　座標軸線之方式標註

二、支距之方式標註

(一) 不規則曲線之尺度一般使用**支距之方式**標註。

(二) 支距之方式標註以**各段分別分段標註**，如圖6-26所示。

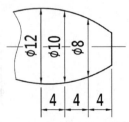

圖6-26　支距之方式標註

6-8 | 註解

一、註解

(一) 凡不能用視圖或一般尺度表達的圖面資料，須用文字說明書，稱為註解。

(二) 註解是用文字書寫，指示尺度以外之事項，例如特殊處理、指示加工順序等；註解的型式有多種。

(三) 註解常以指線標註。

二、註解特別說明

(一) 註解主要分一般註解（通用註解）及特別註解（專用註解）。

(二) 一般註解為針對全張圖面均可適用，不需以指線方式標註在圖形上者。

(三) 特別註解或專用註解是只針對機件的單獨部位，必須使用指線，且靠近指線指出部位而以文字說明者。

6-9 | 尺度之選擇與安置

一、尺度標註之選擇原則

(一) 任一尺度均有公差，因為無論度量或製造，絕對準確為不可能。

(二) 尺度應自易於定位之基準面或參考面、線量起。

(三) 尺度不可重複加註。

(四) 構件上之公差，不應因一系列之連續尺度，而使其累積。

(五) 物體上之每一細節或特徵（如孔、凹槽等），必須有大小及位置尺度。

二、尺度標註之安置原則

(一) 尺度集中於兩視圖之中間及附近，切勿分散。

(二) 尺度標註以置於圖外為原則，但視圖太大或太靠近時，可註於視圖內。

(三) 小尺度接近視圖，大尺度遠離視圖，同一層次之尺度整齊。

(四) 尺度須註於最能表現特徵之處。

(五) 尺度不可遺漏，但亦不必多餘，以免困擾。

(六) 相同形態之尺度，只需標註一處之大小即可。

(七) 等距尺度標註法：等距數×間隔尺度＝總尺度，如4×120=480或
　　5×7°=35°。

(八) 一個基準面（線）標註：為減少尺度線之層數，當採用一個基準面
　　（線）時，可用單一尺度線，而以基準面（線）為起點，用小圓點表示
　　之，各尺度以單向箭頭標註，尺度數字沿尺度界線之方向寫在末端。可
　　以以0點為基準左、右標註。

三、尺度標註程序

(一) 完成圖形或視圖的描述。

(二) 先畫尺度界線和延伸中心線。

(三) 選擇所需位置尺度和大小尺度的位置。

(四) 繪製尺度線、指線和箭頭。

(五) 最後書寫尺度數字、公差配合和註解。

(六) 最後完成剖面線的繪製後，再校對圖面，查閱是否尺度標註完整無誤。

(七) 檢查有無漏記、多餘或誤記尺度，是繪圖者完成前的重要工作。

四、尺度標註順序

(一) 完成視圖繪製。 　　　　　　(二) 繪製尺度界線。

(三) 繪製尺度線。 　　　　　　　(四) 畫尺度線之箭頭及所須之指線。

(五) 標註尺度數字。 　　　　　　(六) 標註註解文字。

五、尺度標註注意事項

(一) 數字不得被任何線條穿過，若不可避免時、中心線與剖面線須中斷。

(二) 線之優先次序：輪廓線、隱藏線、中心線、尺度線、尺度界線。

(三) 尺度線與尺度界線不要交叉。

(四) 尺度界線與尺度界線可以交叉。

(五) 尺度線不得被任何線條穿越為宜。

(六) 非實形之處或非實長之處不可標註尺度。

(七) 盡量不在虛線處標註尺度。

牛刀小試

( ) **1** 根據CNS工程製圖規範，下列各圖的尺度標註，何者正確？

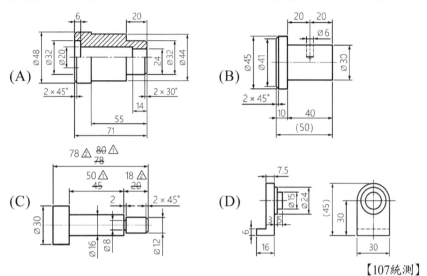

【107統測】

( ) **2** 根據CNS工程製圖規範，下列各圖的尺度標註，何者正確？

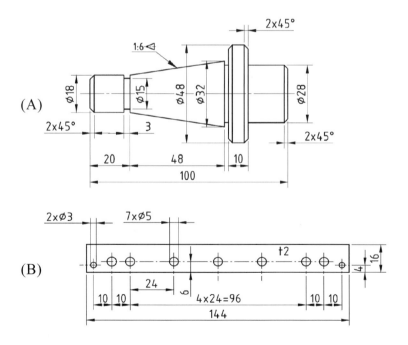

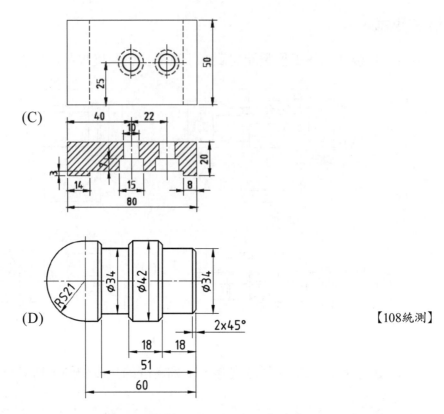

(C)

(D)

【108統測】

(　　) **3** 根據CNS工程製圖規範，下列各圖的尺度標註，何者正確？

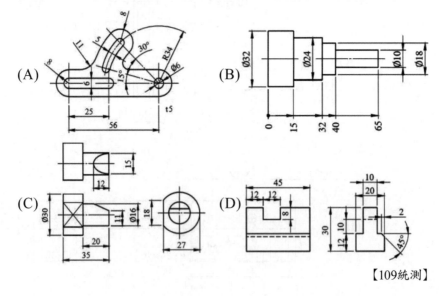

(A)

(B)

(C)

(D)

【109統測】

───── 解答與解析 ─────

1 **(D)**。(A)最右邊不可標註2×30°，應為 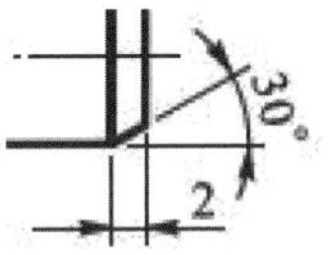 。(B)$\phi 41$、20、

（50）皆是多餘尺度。(C)更改數字需將原尺度加雙線劃掉。

2 **(B)**。(A)錐度符號方向標註錯誤，應修正為  1：6。(C)尺度數字及
符號應避免與剖面線或中心線相交如尺度7和尺度10標註錯誤。(D)球半
徑標註錯誤，應修正為SR21。

3 **(B)**。(A)圖中標註多處半徑尺度缺漏半徑符號R，如兩個尺度8與尺度
11。(C)圖中標註有多餘尺度如尺度15（交線尺寸沒有意義）和尺度
18。(D)尺度安置不當如右側視圖尺度10與尺度20，小尺度應接近視
圖，大尺度遠離視圖。去角45°時，應標註為2×45°。

6-10 | 比例

一、製圖比例

(一)「圖面尺度」與「實物尺度」之比值，稱為製圖比例或比例尺。

(二) 機件某部位尺度為40mm（實物尺度），而繪於圖紙上之大小為20mm
（圖面尺度），則公式為：

$$製圖比例（比例尺）＝\frac{圖面尺度}{實物尺度}＝\frac{20}{40}＝\frac{1}{2}，記作1：2或\frac{1}{2}。$$

(三) 面積比例：$\dfrac{圖面面積}{實物面積}＝$比例尺^2。

二、種類

CNS規定的常用製圖比例，如表6-1所示，以2、5、10倍數的比例為常用者。

表6-1 製圖比例尺

種類	特性	比例	讀法
全尺 （足尺）	實大比例	1：1或$\dfrac{1}{1}$	1：1讀成1比1

種類	特性	比例	讀法
縮尺	縮小比例	$\dfrac{1}{2}$、$\dfrac{1}{2.5}$、$\dfrac{1}{4}$、$\dfrac{1}{5}$、$\dfrac{1}{10}$、$\dfrac{1}{20}$、 $\dfrac{1}{50}$、$\dfrac{1}{100}$、$\dfrac{1}{200}$、$\dfrac{1}{500}$、$\dfrac{1}{1000}$	$\dfrac{1}{20}$ 讀成1比20
倍尺	放大比例	$\dfrac{2}{1}$、$\dfrac{5}{1}$、$\dfrac{10}{1}$、$\dfrac{20}{1}$、$\dfrac{50}{1}$、$\dfrac{100}{1}$	$\dfrac{50}{1}$ 讀成50比1

三、製圖比例使用原則

(一) 全張圖以一種比例繪製為原則，並在標題欄內註明比例，若有必要用到其他比例時，應在其視圖註明。

(二) 不論使用縮尺或倍尺，圖上所標註的尺度仍是物體實際大小尺度。

(三) 在機械製圖中，公制通常以mm（公厘；毫米）為長度單位。

牛刀小試

( )　實物長度為20mm，若圖面上以100mm的長度繪製，則其比例為何？　(A)1：2　(B)1：5　(C)2：1　(D)5：1。　　　　　【107統測】

──────　解答與解析　──────

(D)。比例=圖面長度：實物長度=100：20=5：1。

考前實戰演練

( )　**1** 下列何者是一般製圖時最優先考慮的程序？　(A)考慮物件特徵並決定主要視圖選擇視圖數量，如兩視圖或三視圖　(B)決定圖紙張數　(C)決定繪圖比例及視圖大小　(D)定出基準線或中心線。

( )　**2** 有關尺度線之畫法，下列敘述何者<u>不正確</u>？　(A)尺度線必須平行於結構物之外形線　(B)尺度數字之書寫，在橫書時由左向右，在縱書時由上向下　(C)尺度數字書寫在尺度線中央　(D)尺度線與尺度補助線接觸兩端應加以箭頭。

( )　**3** 有關標註尺度數字，下列敘述何者<u>不正確</u>？　(A)使用之單位若完全相同時，將單位填入標題欄內　(B)尺度數字標註在尺度線之下　(C)大尺度應標註於小尺度之外　(D)傾斜之尺度數字沿尺度線方向標註。

( )　**4** 輪廓線和中心線，何者可以用作尺度線？　(A)輪廓線可以，中心線不可以　(B)中心線可以，輪廓線不可以　(C)輪廓線和中心線都可以　(D)輪廓線和中心線都不可以。

( )　**5** 有關中心線，下列敘述何者正確？　(A)中心線為粗鏈線，可以作為尺度界線使用　(B)中心線為粗鏈線，不可以作為尺度界線使用　(C)中心線為細鏈線，不可以作為尺度界線使用　(D)中心線為細鏈線，可以作為尺度界線使用。

( )　**6** 有關指線，下列敘述何者<u>不正確</u>？　(A)指線的粗細與尺度線相同　(B)指線除用於註解外，有時也可代替尺度線　(C)指線不可成水平　(D)指線若指向圓或圓弧，箭頭必須接觸圓或圓弧。

( )　**7** 有關工程圖箭頭畫法之敘述，下列敘述何者<u>不正確</u>？　(A)箭頭表示尺度線起訖範圍，須繪於尺度線二端　(B)箭頭畫法有填空式、開尾式二種　(C)箭頭長度約10mm　(D)箭頭尖端朝向尺度界線，且應接觸尺度界線。

（　）　**8** 有關尺度的標註，下列敘述何者<u>不正確</u>？　(A)最外側的尺度線距離尺度界線末端約2～3mm　(B)必要時，輪廓線和中心線可直接當尺度線使用　(C)同一側的尺度線並列時，其間隔約為字高的2倍　(D)水平方向的尺度，其數字應朝上書寫；垂直方向的尺度，則數字應朝左書寫。

（　）　**9** 多個連續狹窄部位在同一尺度線上，其尺度數字應？　(A)縮小寫上　(B)分為左右兩排上下書寫　(C)分為高低兩排交錯書寫　(D)分為高低數排成階梯式書寫。

（　）　**10** 有關直徑標註，下列敘述何者正確？　(A)全圓的直徑，以標註在非圓視圖上為原則　(B)標註直徑時，「ϕ」可視情況而省略　(C)半圓或大於半圓的圓弧，必須標註在非圓視圖上　(D)直徑符號「ϕ」寫在數字後面。

（　）　**11** 有關尺度標註的方法，下列敘述何者<u>不正確</u>？　(A)直徑以ϕ表示，寫在數字之前　(B)半徑以R表示，寫在數字之後　(C)半圓或半圓以上的圓弧，直徑尺度必須標註在圓形視圖上　(D)半徑尺度線應以一個箭頭指在圓弧上。

（　）　**12** 有關比例的說明，下列敘述何者<u>不正確</u>？　(A)1：2是縮小比例　(B)全張圖可以多種比例混合使用，無需加以註明　(C)比例2：1時，實物大小10mm，則圖面上大小20mm　(D)為表示細微部分的尺度、輪廓，可以使用放大比例。

（　）　**13** 有關尺度標註的原則，下列敘述何者<u>不正確</u>？　(A)應盡量標註於兩視圖之間　(B)圓柱體尺度的直徑與長度通常標註於非圓形視圖上　(C)尺度標註的目的是決定物體的大小與位置　(D)圖形比實際物體大兩倍時，比例應為1：2。

（　）　**14** 有關標註尺度，下列敘述何者<u>不正確</u>？　(A)大尺度應標註於小尺度之外　(B)剖面圖之尺度應標註於該視圖內　(C)尺度線避免相交叉　(D)狹窄部位尺度可用小圓點代替箭頭。

(　) **15** 有關尺度標註的敘述，下列何者為<u>不正確</u>？　(A)尺度線的箭頭開尾角度為20°　(B)依CNS工程製圖標準之規定，標註半徑尺度時，半徑符號「R」必須寫於數字前面　(C)輪廓線與中心線皆不可作為尺度界線　(D)未按比例繪製之尺度，應在尺度數字下方加一橫線，以資識別。

(　) **16** 有關尺度標註，下列敘述何者<u>不正確</u>？　(A)中心線可做為尺度界線使用　(B)尺度應盡量標註在視圖外　(C)指線用粗實線繪製，與水平線約成45°或60°　(D)水平方向的尺度數字應朝上書寫。

(　) **17** 尺度標註除描述機件大小外，尚描述下列何者？　(A)位置範圍　(B)方向　(C)距離　(D)形狀。

(　) **18** 有關標註尺度，下列敘述何者正確？　(A)尺度線與尺度界線應避免相交叉　(B)尺度界線與尺度界線應避免相交叉　(C)中心線可以作為尺度線　(D)輪廓線可以作為尺度線。

(　) **19** 尺度標註時，各尺度線之間隔約為？　(A)2mm　(B)等於字高　(C)字高的二倍　(D)字寬的二倍。

(　) **20** 機件之稜角因圓角或去角而消失時，下列敘述何者<u>不正確</u>？　(A)其尺度仍應標註於原有之稜角上　(B)此稜線須用粗實線繪出　(C)在交點處加一圓點　(D)尺度標註時，以細實線將該稜角顯示出。

(　) **21** 註解圓孔所用的箭頭，其指向應？　(A)和圓弧相切　(B)通過圓心　(C)沒有特別限制　(D)圓弧起點。

(　) **22** 工程圖上不論是使用縮尺或倍尺，圖形上所標註尺度應以物體之？　(A)縮小之尺度　(B)實際之尺度　(C)倍尺之尺度　(D)圖面之尺度。

(　) **23** 不規則曲線的尺度標註常用？　(A)支距法　(B)形心法　(C)法線法　(D)面積法。

(　) **24** 標註尺度應盡量置於？　(A)俯視圖　(B)左側視圖　(C)右側視圖　(D)兩視圖間。

( ) **25** 有關尺度之標註，下列敘述何者<u>不正確</u>？　(A)尺度宜註於視圖外　(B)尺度註入若在視圖內，數字附近不畫剖面線　(C)宜在虛線上註入尺度　(D)不可將中心線當作尺度線用。

( ) **26** 有關尺度基本規範，下列敘述何者<u>不正確</u>？　(A)尺度界線表示尺度的位置　(B)尺度線表示尺度的範圍　(C)箭頭表示尺度的範圍　(D)數字表示尺度的大小。

( ) **27** 有關尺度標註之敘述，下列何者正確？　(A)圖中若有尺度未按比例繪製時，該尺度數值下方應加畫底線　(B)某一尺度若在其他視圖上重複出現時，應在該尺度數值加上括弧註記　(C)球面的半徑為30mm時，其尺度應標註為RS30　(D)更改尺度時，新數字旁加註的更改符號為▽。

( ) **28** 有關尺度線之畫法，下列敘述何者<u>不正確</u>？　(A)決定各部位（平面或圓）位置之尺度稱為位置尺度　(B)尺度數字之書寫，在橫書時由左向右，在縱書時由上向下　(C)尺度數字書寫在尺度線中央　(D)尺度線與尺度補助線接觸兩端應加以箭頭。

( ) **29** 與其他機件組合有關者，且精度較高，為下列何者之尺度？　(A)參考尺度　(B)非功能尺度　(C)功能尺度　(D)位置尺度。

( ) **30** 下列有關尺度標註與註解之敘述，何者正確？　(A)標註稜角消失部位之尺度時，用以繪製此稜角之線條係為細實線　(B)輪廓線與中心線皆可作為尺度線之用　(C)圖上指引註解說明所用之指線可替代尺度線使用　(D)未依比例尺度之標註，須將該尺度加括弧以作區別。　【99統測】

( ) **31** 若畫在圖面上之長度為20mm，使用之比例為1：10，則實際之長度為多少mm？　(A)2mm　(B)10mm　(C)20mm　(D)200mm。　【99統測】

( ) **32** 有關尺度標註的規範，下列敘述何者<u>不正確</u>？　(A)中心線當作尺度界線使用時，其延伸的部分須繪製成細鏈線　(B)輪廓線及

虛線不可作為尺度線使用　(C)錐度上的尺度標註之尺度界線，若與其輪廓線近似平行時，可將尺度界線調整為與尺度線約成60度傾斜之平行線　(D)若相鄰的兩個尺度皆狹擠以致於無法標註箭頭時，可用清楚的小圓點代替相鄰的兩箭頭。　　　【100統測】

(　　) **33** 下列各圖中之尺度標註，何者正確？

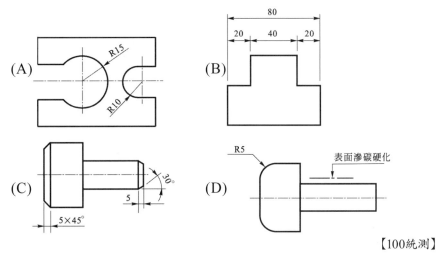

【100統測】

(　　) **34** 交付工廠後的工作圖，若圖面需要進行設計變更時，下列何者之處理方式<u>不正確</u>？　(A)將原尺度數字擦除，並直接標註新尺度　(B)在新尺度數字旁加註正三角形的更改記號及號碼　(C)在圖面上建立更改欄，並紀錄更改內容　(D)若更改的尺度太多或範圍甚廣時，可將原圖作廢，另繪新圖。　　　【100統測】

(　　) **35** 有關尺度標註之敘述，下列何者正確？　(A)球面的半徑為30mm時，其尺度應標註為RS30　(B)圖中若有尺度未按比例繪製時，該尺度數值下方應加畫底線　(C)某一尺度若在其他視圖上重複出現時，應在該尺度數值加上括弧註記　(D)更改尺度時，新數字旁加註的更改符號為▽。　　　【101統測】

(　　) **36** 一圓錐之錐度為1：25，若圓錐長為200mm，則其兩端直徑之差為何？　(A)8mm　(B)6mm　(C)4mm　(D)2mm。　　　【101統測】

(　　) **37** 有關指線與註解的敘述，下列何者<u>不正確</u>？　(A)指線只能用在導引註解說明，不能作為標註尺度使用　(B)指線的線條應以細實線繪製　(C)註解應寫在指線尾端之水平線的下方　(D)指線尾端的註解只能以水平的方式書寫。　　　　　　　　　　　　　【102統測】

(　　) **38** 有關尺度標註，下列何者正確？

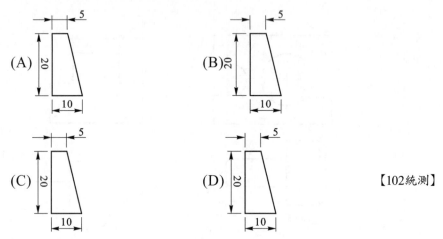

【102統測】

(　　) **39** 工程圖中某一尺度因太長而無法依比例繪製時，只好縮短其長度，若長度是500mm，則下列標註方式何者正確？　(A)＊500　(B)（500）　(C)≈500　(D)<u>500</u>。　　　　　　　　　　【103統測】

(　　) **40** 下列各圖形，何者為正確之尺度標註？

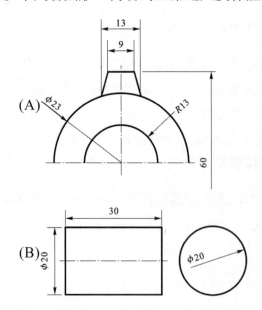

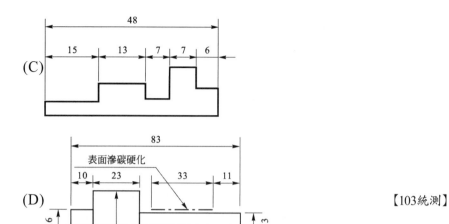

【103統測】

(　　) **41** 有關尺度之敘述，下列何者正確？　(A)尺度可分為大小尺度與幾何尺度　(B)矩形物體以一個平面做為參考之基準面　(C)圓柱體以一個端面做為參考之基準面　(D)決定各部位（平面或圓）位置之尺度稱為幾何尺度。　　　　　　　　　　【103統測】

(　　) **42** 偏心軸零件之尺度標註，下列何者為正確？

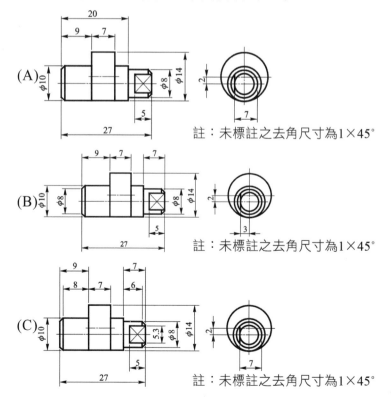

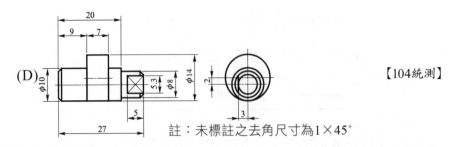

【104統測】

註：未標註之去角尺寸為1×45°

(　　) **43** 有關尺度標註，下列敘述何者正確？　(A)尺度界線以細實線表示，終止於尺度線向外延伸約4～6mm處　(B)尺度線介於尺度界線間的距離大小，用以表示長度大小，以細實線繪製　(C)箭頭長度為標註尺度數字之高度，尖端夾角為30°　(D)指線用細鏈線繪製，與水平線成平行或垂直。　　　　　　　　　　【105統測】

(　　) **44** 有一帶頭鍵斜邊水平長度150mm，斜邊大端高20mm、小端高10mm，則此帶頭鍵之斜度為何？　(A)$\frac{1}{5}$　(B)$\frac{1}{30}$　(C)$\frac{1}{15}$　(D)$\frac{2}{15}$。　　【105統測】

(　　) **45** 如圖所標示的11個尺度中，大小尺度與位置尺度各有幾個？

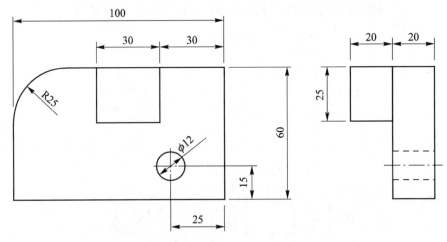

(A)9個大小尺度，2個位置尺度
(B)8個大小尺度，3個位置尺度
(C)7個大小尺度，4個位置尺度
(D)6個大小尺度，5個位置尺度。　　　　　　　　　　【106統測】

(　　) **46** 有關尺度標註之敘述，下列何者正確？　(A)尺度標註之目的是決定物件的形狀與大小　(B)尺度界線是表示尺度的方向，尺度線是確定尺度的範圍　(C)視圖上之輪廓線與中心線不可作為尺度線使用　(D)尺度線用粗實線繪製，繪製時必須與尺度界線垂直。　【106統測】

(　　) **47** 在工程製圖時，對於直徑尺度為50mm的球體，下列標註何者正確？　(A)Sϕ50　(B)SR50　(C)ϕ50　(D)R50。　【106統測】

(　　) **48** 有關尺度標註的敘述，下列何者正確？　(A)錐度標註時，錐度符號之尖端應指向左方　(B)板厚標註時，板厚符號以大寫拉丁字母「T」表示　(C)機件之圓柱或圓孔端面去角，若去角長度為2mm，去角角度為30°時，則標註為2×30°　(D)球面標註時，當球面形狀未達一半時，通常標註其球面半徑尺度，並加註「SR」符號於尺度數字前面。　【107統測】

(　　) **49** 根據CNS工程製圖規範，下列各圖的尺度標註，何者正確？

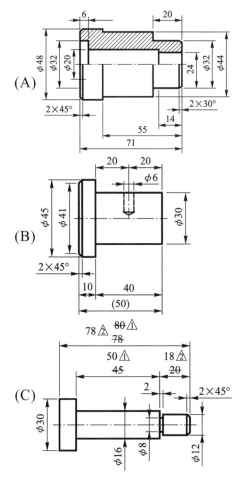

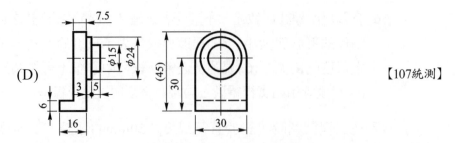

(D)　　　　　　　　　　　　　　　　　　　　　　　　　　　【107統測】

(　) **50** 實物長度為20mm，若圖面上以100mm的長度繪製，則其比例為
何？ (A)1：2 (B)1：5 (C)2：1 (D)5：1。 【107統測】

(　) **51** 圓錐體工件之長度為120mm、大端直徑60mm、小端直徑
40mm，下列何者為正確錐度？ (A)1：8 (B)1：6 (C)1：5
(D)1：4。 【108統測】

(　) **52** 根據CNS工程製圖規範，下列各圖的尺度標註，何者正確？

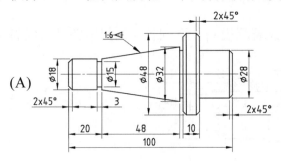

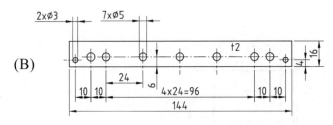

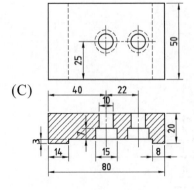

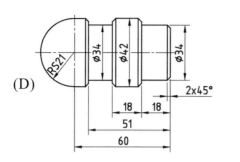

【108統測】

( ) **53** 有關尺度與尺度符號的敘述，下列何者正確？ (A)繪製尺度界線時，應平行於其所標註之尺度 (B)當球面直徑大小為35，其尺度標註符號為SR35 (C)當斜度為1：30時，其尺度標註符號為 ▷━1：30 (D)指線僅用於註解加工法與註記，不可替代尺度線。 【109統測】

( ) **54** 根據CNS工程製圖規範，下列各圖的尺度標註，何者正確？

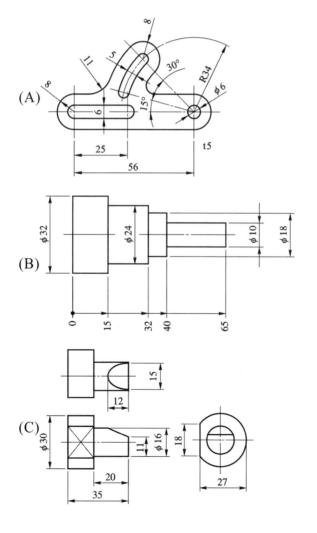

考前實戰演練

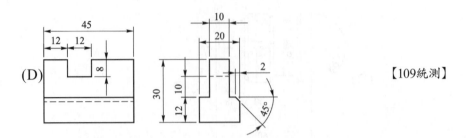

(D)　　　　　　　　　　　　　　　　　　　　　　　　　【109統測】

(　　) **55** 關於工程製圖尺度標註之敘述，下列何者正確？　(A)大小尺度是用於不同幾何形體間之相關位置和距離　(B)圖中若有尺度未按比例繪製，應於該尺度數值上方加畫橫線　(C)中心線和輪廓線可作為尺度線使用　(D)正方形之形狀可僅標註其一個邊長尺度，但須加註方形符號。　　　　　　　　　　　　　　【110統測】

(　　) **56** 根據工程製圖尺度標註，下列何者正確？

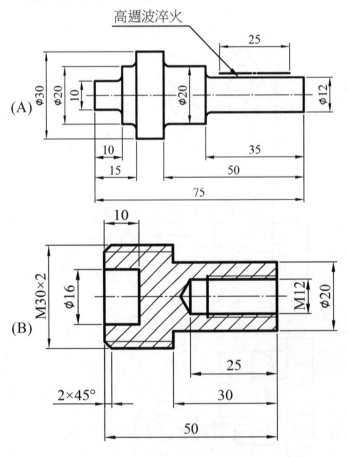

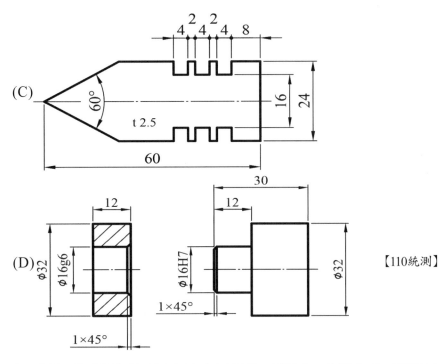

【110統測】

( ) **57** 如圖所示為對稱式圓桿夾具中壓板的三視圖,若想在此三視圖中標註尺寸達到不重複標註及最簡標註方式(依CNS標準),除圖面上的尺寸外,試問還需另外補充標註尺寸數目為多少?

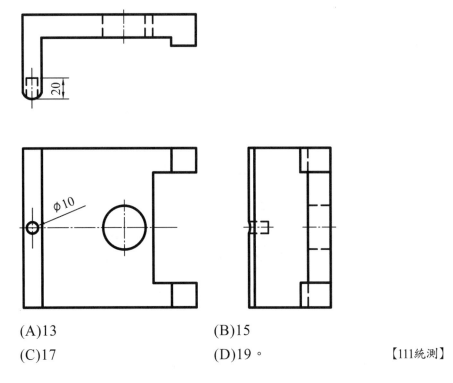

(A)13　　　　　　　　　　(B)15

(C)17　　　　　　　　　　(D)19。　　　　　　　　【111統測】

(　　) **58** 如圖所示，在同一圖面上X、Y、Z三個物件與比例標註，其實際面積大小順序為何？

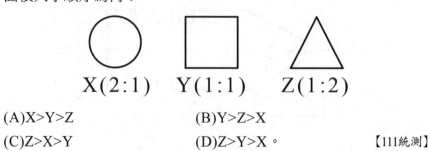

X(2:1)　　Y(1:1)　　Z(1:2)

(A)X＞Y＞Z　　　　　　　　(B)Y＞Z＞X

(C)Z＞X＞Y　　　　　　　　(D)Z＞Y＞X。　　　　　　　【111統測】

(　　) **59** 根據工程製圖尺度標註，下列何者正確？

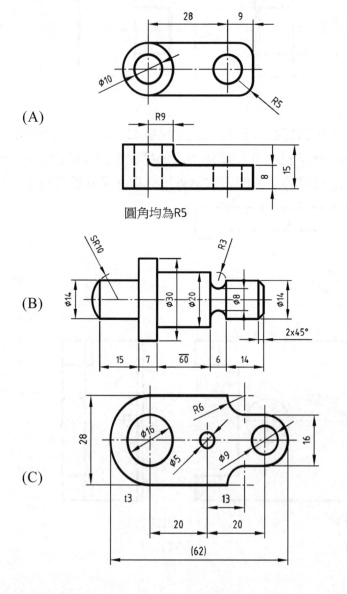

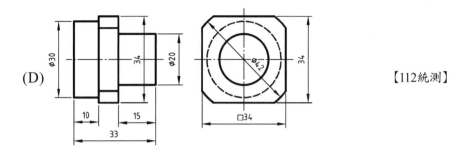

(D)　　　　　　　　　　　　　　　　　　　　　　　【112統測】

(　　) **60** 如圖所示，針對已標註的尺度A至N中，屬於位置尺度的共有幾個？

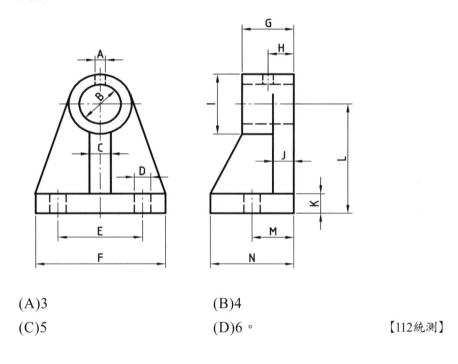

(A)3　　　　　　　　　　　　(B)4

(C)5　　　　　　　　　　　　(D)6。　　　　　　　　　【112統測】

重點導讀

當機件內部構造過於複雜，此時視圖若都用隱藏線表示，會難以辨認出形狀，所以可以透過各種視圖清楚表達出各部位構造，本單元重點在於剖視圖之原理與各種剖面視圖的應用，有了第五單元正投影識圖與製圖之基礎，本單元可以比較快速上手，只是要注意不同的剖面視圖應用在何處會比較恰當，歷屆試題目前也偏圖形題，要判斷出何種才是正確的剖面視圖，多多練習題目，相信能夠更加熟練，快速選出正確的答案，加油！

7-1 │ 割面與剖面

一、剖面視圖

(一) 物體內部複雜者，其正投影視圖因虛線過多，不易分辨，故對物體作假想剖切，以剖面視圖表示之，以了解其內部複雜情況。

(二) 繪製剖面視圖之主要原因可歸納出三點：內部複雜、虛線過多、假想剖切。

二、割面與割面線

(一) 對物體作假想剖切，以了解其內部形狀，假想之割切面稱為割面。

(二) 表示割面邊視圖之線，稱為割面線，以表示切割位置，割面線可轉折，必要時亦可作圓弧方向轉折。

(三) 割面線用以表示割面之位置及視線之方向。

(四) 割面線之式樣，如圖7-1所示，由割面線兩端及轉角處為粗實線，中間以細鏈線連接。

(五) 兩端粗實線最長為字高的2.5倍，轉角處粗實線最長為字高的1.5倍。

(六) 割面線之兩端伸出視圖外側約10mm，且二端需要標註箭頭。

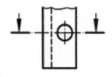

圖7-1　割面線之式樣

圖7-2　兩個割面以上的區別

(七) 兩個以上的割面應以同一字母標示在割面線外側，以區別不同之割面，書寫字母方向一律朝上，如圖7-2所示。

(八) 箭頭表示投影方向；其大小形狀如圖7-3所示。

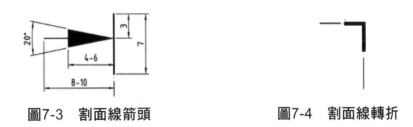

圖7-3　割面線箭頭　　　　　　圖7-4　割面線轉折

(九) 割面線可以任意轉折，且轉折點不一定90°。轉折處為字高之1.5倍約4.5mm（舊標準為5mm）長之粗實線，大小如圖7-4所示。

三、剖面及剖面線

(一) 由假設的割面所切，露出的斷面實心位置稱為剖面，剖面線須以細實線畫出。

(二) 剖面線一般須與主軸或外形輪廓成45°之等間隔平行線，間隔依剖面大小而定，一般介於2mm至4mm之間。

(三) 剖面線不可與主軸平行或垂直。

(四) 剖面線不一定與水平面成45°，須與主軸或外形輪廓成45°。

(五) 同一物件被剖切後，其剖面線之方向與間隔須完全相同。

(六) 組合狀態時之兩相鄰物件，剖面線間隔可相同，而方向需不相同。

(七) 大型物件，剖面線僅畫輪廓邊緣即可。

(八) 當剖面之面積狹小，不易畫剖面線時，可以塗黑，如鐵板、型鋼、薄墊圈、彈簧等。

四、剖面及剖面線注意事項

(一) 剖面線應避免與輪廓線平行或垂直而造成混淆。

(二) 假想剖切所得之剖面，須以細實線畫出剖面線，剖面線須與主軸或物件之外形線成45°之均勻平行線，其間隔依剖面之大小而定。

(三) 同一機件被剖切後，其剖面線之方向與間隔須完全相同。

(四) 在組合圖中，相鄰兩機件，剖面線間隔可相同，而方向需不相同。

(五) 較大之機件，剖面線可以省略中間部分。

牛刀小試

(　　) **1** 有關剖面視圖，下列敘述何者正確？

(A)剖面視圖是對物體作假想的剖切，以瞭解其外部的真實形狀，該假想之切割面稱為剖面

(B)割面線一般為直線，但亦可視需要予以轉折，割面線之兩端及轉折處應畫成細實線，中間則以中心線連接

(C)由假想之切割面經物體之適當位置剖切後，所得之剖切面稱為割面

(D)剖面線需與主軸或物體之輪廓成45°，但如遇機件外型已成45°時，其剖面線應避免與輪廓線平行或垂直，並選擇適當的角度。　　　　　　　　　　　　　　　　　【105統測】

(　　) **2** 有關剖面視圖的敘述，下列何者正確？

(A)一個物體以一個切割面為原則，不可同時進行多個剖面產生多個剖視圖

(B)相鄰兩物體，其剖面線的間隔距離可相同，但繪製方向應相反或不同

(C)移轉剖面又稱旋轉剖面，乃將剖面原地旋轉90°後繪出之剖視圖

(D)全剖面視圖僅可應用於對稱物體，非對稱物體不應使用。
　　　　　　　　　　　　　　　　　　　　　　　　【108統測】

────── **解答與解析** ──────

1 (D)。(A)剖面視圖是對物體作假想的剖切，以瞭解其內部的真實形狀，該假想之切割面稱為割面。(B)割面線一般為直線，但亦可視需要予以轉折，割面線之兩端及轉折處應畫成粗實線，中間則以一點細鏈線連接。(C)由假想之切割面經物體之適當位置剖切後，所得之剖切面稱為剖面。

2 (B)。(A)一個物體可同時進行多個剖面產生多個剖視圖。(C)移轉剖面與旋轉剖面不同。旋轉剖面乃將剖面原地旋轉90°後繪出之剖視圖。移轉剖面將旋轉剖面移出原視圖外，以細鏈線沿著割面方向移出，繪於原視圖附近。(D)全剖面視圖可應用於對稱或非對稱物體。

7-2 │全剖面視圖

一、　物件被一割面完全剖切者，稱為全剖面或全剖面視圖，如圖7-5所示。

二、　全剖面必要時，割面可轉折偏位切於部位，但割面方向改變並不需要在剖面視圖內表示。

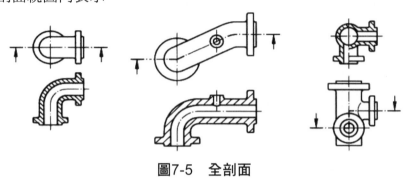

圖7-5　全剖面

三、　簡單對稱的機件，切割面位置很明顯或在對稱中心線時，割面線要省略，如圖7-6(b)(d)所示較正確。

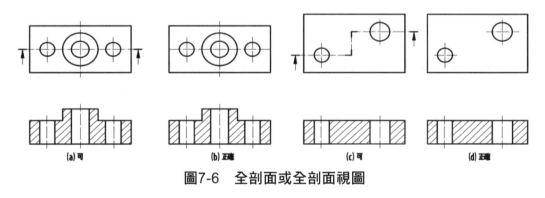

(a)可　　　(b)正確　　　(c)可　　　(d)正確

圖7-6　全剖面或全剖面視圖

四、　圓型物件，作轉折剖切後，其剖面須轉正，使成同一平面，如圖7-7所示。

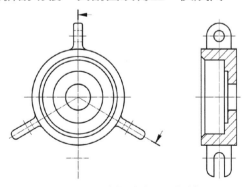

圖7-7　圓型物件剖面之轉正

牛刀小試

(　　)　有關繪製物體之剖視圖，下列何者正確？

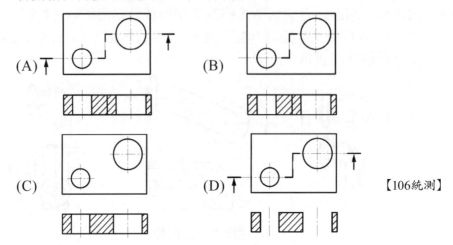

(A)　(B)

(C)　(D)　　　　　　【106統測】

───── 解答與解析 ─────

(C)。簡單對稱的機件，切割面位置很明顯或在對稱中心線時，可省略其割面線。

7-3│半剖面視圖

一、半剖面視圖

對稱型物件，可用割面沿中心線剖切，其中心線不得畫成實線，繪其中一半為剖面以表達其內部形狀，如圖7-8所示，另一半畫原有輪廓，此剖面亦稱半剖面視圖，是將物件用割面切除四分之一所得之結果。

二、半剖面視圖之特性

(一) 對稱型物件。

(二) 沿中心線為分界剖切。

(三) 一半表達外部輪廓形狀、一半表達內部剖面形狀。

(四) 切除四分之一。

(五) 一般省略割面線。

(六) 外部形狀虛線通常省略。

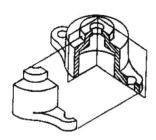 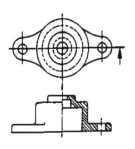

圖7-8　半剖面視圖

三、半剖面視圖之立體圖特性

同一物體半剖面視圖之立體圖，其不同剖切方向之剖面線方向要相反。

四、半剖面視圖之外部形狀之圓孔中心線要標註。

7-4 │局部剖面視圖

一、局部剖面

(一) 如果機件的內部結構只有一小部分較為複雜時，僅將該部位剖切，以折斷線分界表示者，稱為局部剖面，如圖7-9所示。

(二) 局部剖面的折斷線通常以徒手不規則細實線表示之。

二、局部剖面注意事項

(一) 局部剖面的折斷位置，應折斷於容易表示之處。

(二) 避免於輪廓線或中心線為折斷處。

(三) 局部剖面的折斷線，主要是限制剖面線的伸長。

(四) 繪製局部剖面視圖時，通常非剖面部分不可省略。

 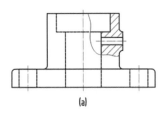 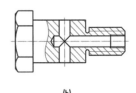

(a)　　　　　　　　(b)

圖7-9　局部剖面

7-5 │旋轉與移轉剖面視圖

一、 旋轉剖面

(一) 旋轉剖面將其橫斷面剖切，再將剖切處割面原地旋轉90°，其輪廓線以細實線重疊繪出剖面視圖者，稱為一般旋轉剖面，如圖7-10所示。

(二) 旋轉剖面常用於機件具有規則斷面形狀，如輪臂、肋、輻或軸等，若不剖切則某些細部結構未能明確的表達。

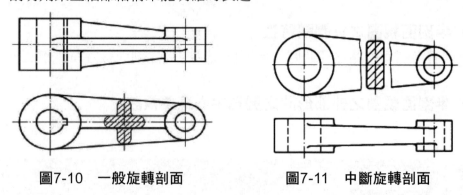

圖7-10　一般旋轉剖面　　　圖7-11　中斷旋轉剖面

(三) 旋轉剖面亦可配合中斷視圖以折斷線表示之，但此時之旋轉剖面輪廓線，應改用粗實線畫出，稱為中斷旋轉剖面，如圖7-11所示。

(四) 一個形狀不規則的物體，在相同割面位置與相同觀察方向的條件下，繪製該物體的旋轉剖面視圖與移轉剖面視圖，則兩者的被剖切面形狀絕對相同。

二、 移轉剖面

(一) 移轉剖面將旋轉剖面移出原視圖外，以細鏈線（中心線）沿著割面方向移出，繪於原視圖附近者，稱為移轉剖面，如圖7-12所示，外形輪廓線以粗實線畫出。

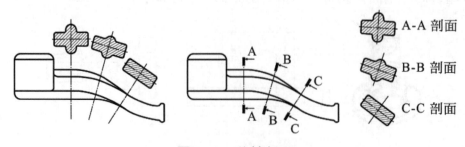

圖7-12　移轉剖面

(二) 移轉剖面圖的割面線位置不可省略。

(三) 移轉剖面常用於繪製旋轉剖面視圖,會干涉或影響到圖的外形輪廓線,或有連續幾個旋轉剖面視圖或標註尺度空間不夠時採用。

(四) 若機件須作連續數個移轉剖面,但圖紙空間不足時,可將旋轉剖面視圖畫於割面延伸的位置上,可平移或旋轉到附近畫出,並註明該剖面視圖的割面符號。

牛刀小試

( ) **1** 有關剖視圖的畫法,下列何者正確?

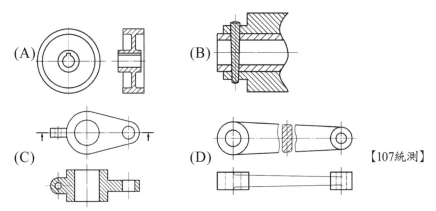

(A)　　(B)

(C)　　(D)　　【107統測】

( ) **2** 如圖所示之零件及其四個剖面視圖,哪一個剖視圖正確?

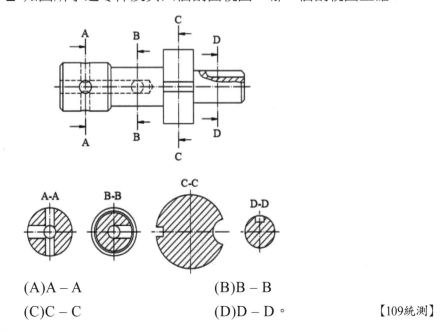

(A)A－A　　(B)B－B

(C)C－C　　(D)D－D。　　【109統測】

────── 解答與解析 ──────

1 (A)。(B)鍵、銷等機件不可剖切。(C)最左邊耳不可剖切。(D)旋轉剖面
可配合中斷視圖以折斷線表示之,但此時之旋轉剖面輪廓線,應改用粗
實線畫出。

2 (B)。 依旋轉剖面原則得知B－B為正確之旋轉剖面視圖。

7-6 | 多個剖面視圖

一、組合件剖面視圖

(一) 組合件剖面視圖的表示法,主要在於描述機件組合的相關位置與相互配
合情形。

(二) 組合件剖面視圖包含了許多標準零件或部分沒有複雜內部結構的機件。

二、組合件剖面視圖特點

(一) 當機件位於組合圖割面位置時,若按剖切繪製其剖面視圖,將不易辨認
其外形特徵,反而增加讀圖的困擾,因此有些機件或標準零件習慣上保
持其外形而不加以剖切。

(二) 組合件常不加以剖切部分,例如:**軸之縱剖切面、螺釘、螺帽、螺栓、
墊圈、輪臂、肋、鍵、齒輪的齒、軸承的滾珠(球)或滾子(圓柱)**等
機件,均不作縱向剖切,如圖7-13所示。

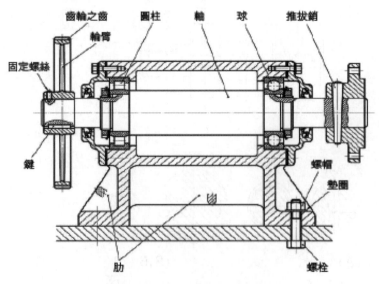

圖7-13　組合圖不剖切零件

7-7 | 剖面之習用畫法

一、肋、耳、臂之剖面表示法：物件之肋、臂等部位，若沿縱長方向被剖切，其剖面內之剖面線常予略去，以免誤解，但若橫剖切（表示斷面形狀），則剖面應繪出剖面線。

二、剖面視圖中圓角消失的稜線表示法：機件中因圓角而消失的稜線，仍在交線的原位置上，以細實線表示，兩端與輪廓線稍留空隙，如圖7-14所示。

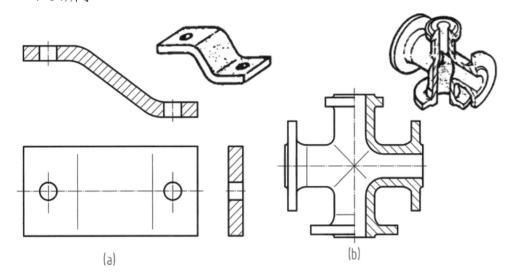

(a)　　　　　　　　　　　　　(b)

圖7-14　圓角的交線

牛刀小試

（　）　有關奇數輪臂或肋之機件其剖面視圖習用畫法，下列敘述何者正確？　(A)按真實投影畫出　(B)轉正後作成對稱，未轉正者按真實投影畫出　(C)轉正後剖切作成對稱，輪臂或肋之機件剖面視圖省略不畫，未轉正者亦省略不畫　(D)轉正後剖切作成對稱，含輪臂或肋之機件剖面，未轉正者省略不畫。　【105統測】

解答與解析

(C)。(A)習用畫法不需按真實投影畫出，按轉正投影畫出。(B)轉正後作成對稱，未轉正者不需畫出。(D)轉正後剖切作成對稱，含輪臂或肋之機件不需剖面，不必畫成剖視圖。

考前實戰演練

( )　**1** 繪製剖面線，除有特殊需要外，都是繪成與主軸或物體外形成？
(A)30° 　(B)45° 　(C)60° 　(D)90°。

( )　**2** 甚薄材料剖切時，其剖切面？　(A)照畫剖面線　(B)全部塗黑
(C)全部空白　(D)不剖切。

( )　**3** 下列機件剖面線，常以塗黑表示的是？　(A)齒輪　(B)軸　(C)型
鋼　(D)螺母。

( )　**4** 下列各圖之尺度標註法，何者正確？

(A)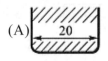
(B)
(C)
(D)

( )　**5** 下列各剖面線，何者是最良好繪法？

(A)
(B)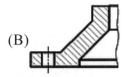
(C)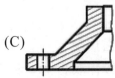
(D)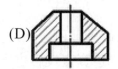

( )　**6** 有關剖面線的繪法，下列敘述何者<u>不正確</u>？

(A)
(B)
(C)
(D)

(　)　**7** 剖視圖中以折斷線為分界的是？　(A)全剖面　(B)局部剖面　(C)半剖面　(D)移轉剖面。

(　)　**8** 下列機械中，哪一項需用剖面線？　(A)半圓鍵　(B)皮帶輪　(C)鉚釘　(D)螺帽。

(　)　**9** 肋被縱切時，其剖面線應？　(A)省略　(B)增密　(C)劃上　(D)加粗。

(　)　**10** 有關剖面圖，下列敘述何者<u>不正確</u>？　(A)對稱物體作半剖視圖，可同時描述物體內部及外形　(B)作半剖視圖時，必需畫出其中心線　(C)剖面圖的剖面線，永遠與水平線成45°夾角　(D)物體形狀不規則而逐漸變化的部位，可使用移轉剖面，作多個剖面圖。

(　)　**11** 有關半剖視圖，下列敘述何者<u>不正確</u>？　(A)機件外部形狀上之虛線，通常均不畫出　(B)將機件剖切 $\frac{1}{2}$　(C)可將機件之內部與外部形狀同時表現於同一視圖上　(D)內外形狀分界，以中心線為分界線。

(　)　**12** 有關剖視圖，下列敘述何者<u>不正確</u>？　(A)割面線可轉折　(B)剖面線屬於細實線　(C)所有的剖面線均應與水平成45°　(D)軸、鍵等為習慣上不剖切之元件。

(　)　**13** 有關割面線，下列敘述何者<u>不正確</u>？　(A)割面線是兩端粗中間細的鏈線　(B)割面線在視圖中就是割面的邊視圖　(C)若割切位置相當明確，則割面線可省略不畫　(D)割面線不可轉折。

(　)　**14** 有關剖面線，下列敘述何者<u>不正確</u>？　(A)剖面線為多條等距離並且平行的細實線　(B)剖面線必需與水平線成45°　(C)同一物件之剖面線必需畫成同一等間隔及同一方向　(D)剖面線之平行線間之距離視剖面範圍之大小而定。

(　)　**15** 在繪圖中相鄰兩機件的剖面圖中的剖面線應？　(A)方向和間隔大小均相同　(B)方向相同，間隔大小不同　(C)方向不同，間隔大小相同　(D)方向不同，間隔大小不拘。

(　) **16** 有關剖面線，下列敘述何者<u>不正確</u>？　(A)同一機件剖切後，其剖面線的方向與間隔均需相同　(B)在組合圖中，相鄰兩機件，其剖面線應取相同的方向及相同的間隔　(C)較大的機件的剖面，其中間部分的剖面線可以省略　(D)當剖面的面積狹小，不易劃剖面線時，可以塗黑之。

(　) **17** 有關剖面及剖面線，下列敘述何者<u>不正確</u>？　(A)以細實線畫出剖面線　(B)同一機件，其剖面線的方向與間隔，可因在不同部位而隨之變化　(C)較大機件，其中間部分之剖面線可以省略　(D)當剖面的面積狹小，不易畫剖面線時，可以塗黑之，如型鋼、薄墊圈等。

(　) **18** 下列有關半剖面之敘述何者<u>不正確</u>？　(A)大部分用於對稱物上　(B)可將物體內外形狀同時表示在同一視圖　(C)物件外部形狀的虛線通常均不畫出　(D)俯視圖可以半視圖表現，但須繪前半部。

(　) **19** 有關剖視圖，下列敘述何者<u>不正確</u>？　(A)半剖視圖的分界線是中心線　(B)剖面線方向需與機件主軸線或外形線成45°且均勻平行　(C)同一機件上的剖面線，要以相反且對稱的方向繪製　(D)在剖視圖中，以割面線來表明機件被切割的位置。

(　) **20** 凡設立之剖面不與主投影面之一平行者，均可視為？　(A)虛擬視圖　(B)半剖視圖　(C)局部剖視圖　(D)輔助剖視圖。

(　) **21** 旋轉剖面之外形與原視圖的輪廓有重疊時，可將原視圖以中斷視圖表示，此時旋轉剖面之外形，以下列哪一種線條畫出？　(A)細實線　(B)細鏈線　(C)虛線　(D)粗實線。

(　) **22** 繪製剖面視圖，下列何者<u>不能</u>用以表示物體剖切位置？　(A)中心線　(B)剖面線　(C)割面線　(D)轉折割面線。

(　) **23** 有關線條種類與用途，下列敘述何者<u>不正確</u>？　(A)剖面線是用細實線　(B)剖切後所得之剖切面稱為割面，割面線是用細實線　(C)節線是用細鏈線　(D)隱藏線是用虛線。

(　) **24** 下列敘述何者正確？　(A)割面線可轉折　(B)剖面線屬中線　(C)小尺度恆註於大尺度之外　(D)鍵、銷等應畫剖面線。

(　) **25** 在組合剖視圖中，下列零件<u>不得</u>塗黑的是？　(A)把手　(B)彈簧　(C)薄板　(D)薄墊圈。

(　) **26** 割面線的兩端粗實線伸出剖視圖外多少mm為宜？　(A)3　(B)5　(C)10　(D)20。

(　) **27** 若物件其剖切方式是假想切割面將物件剖開，即從物件的上方至下方剖切，並移走前半部後再正投影觀察物件內部，稱為？　(A)半剖面　(B)全剖面　(C)旋轉剖面　(D)移轉剖面。

(　) **28** 有關半剖視圖，下列敘述何者<u>不正確</u>？　(A)大部分應用於非對稱之機件上　(B)可將機件之內部與外部形狀同時表現於同一視圖上　(C)內外形狀分界，以中心線為分界線　(D)機件外部形狀上之虛線，通常均不畫出。

(　) **29** 在視圖上將剖面圖沿割面線平移出原有視圖，並用中心線或字母表示其相對位置，這種剖面稱為？　(A)全剖面　(B)半剖面　(C)局部剖面　(D)移轉剖面。

(　) **30** 如簡單對稱之機件，切割面位置很明顯或在對稱中心時，其割面線可以如何表現？　(A)一定要畫　(B)移出來畫　(C)畫一半　(D)可省略。

(　) **31** 局部剖面視圖中會用何種線條來分隔剖面與非剖面的部分？　(A)不規則連續粗實線　(B)不規則連續細實線　(C)粗鏈線　(D)細鏈線。

(　) **32** 下列有關視圖的敘述，何者<u>不正確</u>？　(A)薄片零件之剖面面積甚小時，其剖面區域可以塗黑表示　(B)剖面線的角度方向不須考慮外在輪廓形狀　(C)簡單對稱之剖面視圖可以省略割面線　(D)虛擬視圖須以假想線繪製。

(　　) **33** 欲將一具有複雜的內部形狀、結構及尺度標註清楚，則可使用下列何種視圖？　(A)虛擬視圖　(B)剖面視圖　(C)局部視圖　(D)放大視圖。

(　　) **34** 正投影視圖如圖，其剖面視圖表示法，下列何者正確？

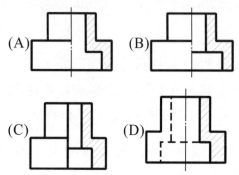

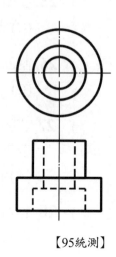

【95統測】

(　　) **35** 如圖為一軸對稱物體的俯視圖及前視圖，下列何者為最正確的剖面視圖？

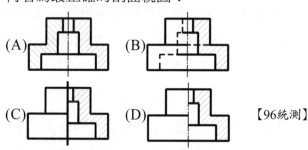

【96統測】

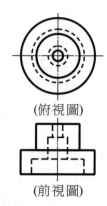

(俯視圖)

(前視圖)

(　　) **36** 若細長物體具有不規則之斷面時，依照CNS工程製圖標準規定所繪製的旋轉剖面視圖，下列何者為最正確的表示圖？

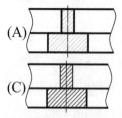

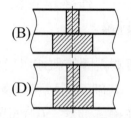

【96統測】

(　　) **37** 下列有關視圖的敘述，何者正確？　(A)所有剖面視圖皆須繪製割面線　(B)剖面線的角度方向不須考慮外在輪廓形狀　(C)薄片零件之剖面面積甚小時，其剖面區域可以塗黑表示　(D)虛擬視圖須以細實線繪製。

【97統測】

( )　**38** 下列有關割面線的敘述，何者正確？　(A)割面線不可轉折　(B)割面線的轉折處在剖面視圖中應繪出其分界線　(C)割面線之兩端須伸出視圖外約20mm　(D)割面線兩端及轉折處為粗實線，中間以細鏈線連接。　　　　　　　　　　　　　【97統測】

( )　**39** 一物體之正投影視圖如圖所示，下列何者為其正確之半剖面視圖？

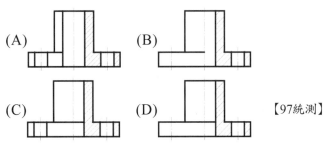

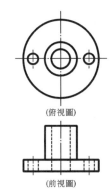

(俯視圖)

(前視圖)

【97統測】

( )　**40** 繪製剖面視圖時，割面線之兩端須伸出視圖外約？　(A)4mm　(B)6mm　(C)8mm　(D)10mm。　　　　　　　　　　　　【98統測】

( )　**41** 已知物體之前視圖及右側視圖，如圖所示，下列何者為其正確之俯視剖面視圖？

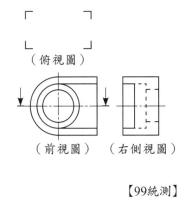

(俯視圖)

(前視圖)　　(右側視圖)

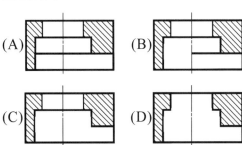

【99統測】

( )　**42** 有關割面線的格式，下列敘述何者<u>不正確</u>？　(A)線的兩端為粗實線，並須伸出視圖外約為10mm　(B)割面線可以轉折，轉折處以粗實線表示，其每邊長度約為字高1.5倍　(C)如有多個剖面時，同一個割面之兩端須以相同字母標示於箭頭之內側，以區別之　(D)字母書寫時，其方向一律朝上。　　　　　　　【100統測】

（　　）**43** 已知物體之正投影視圖，如圖所示，下列何者
為其正確之半剖面視圖？

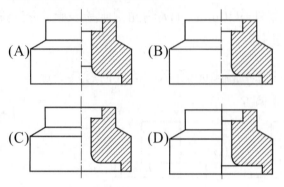

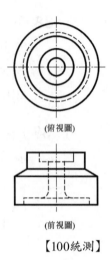

(俯視圖)

(前視圖)

【100統測】

（　　）**44** 欲將一具有複雜的內部形狀、結構及尺度標註清楚，則可使用下
列何種視圖？　(A)輔助視圖　(B)剖面視圖　(C)局部視圖　(D)
側視圖。　　　　　　　　　　　　　　　　　　　　　　【101統測】

（　　）**45** 下列各選項中之剖面視圖，何者正確？

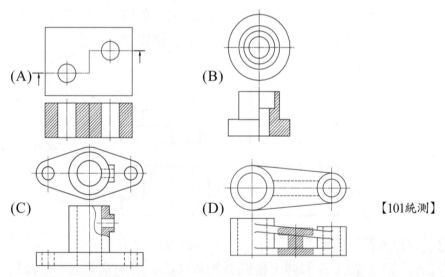

【101統測】

（　　）**46** 有關移轉剖面視圖的敘述，下列何者**不正確**？　(A)用於需要連續
多個旋轉剖面時，卻因空間限制而產生剖面之間的干涉　(B)移轉
剖面須沿著割面線延伸的方向移出，並放置於原視圖外部　(C)若
須將多個剖面平移至原視圖外部之適當位置時，則應於各剖切位
置的割面線兩端分別標註大寫的拉丁字母　(D)平移後的剖面視
圖，其圖的下方應加註與割面線上相同的字母。　　　　【102統測】

( ) **47** 下列之剖面視圖，何者正確？

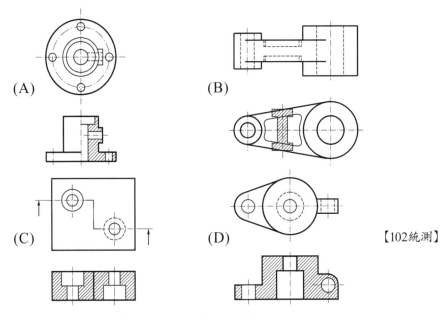

(A)

(B)

(C)

(D) 【102統測】

( ) **48** 剖面視圖使用原則，下列何者<u>不正確</u>？
(A)剖切大機件時，中間之剖面線可省略
(B)局部剖面視圖在剖切與未剖切之部分，是以割面線來分界
(C)割線可任意轉折，且轉折點不一定是90°
(D)當剖面的面積太窄小時，可將剖面整個塗黑。　【103統測】

( ) **49** 以第三角法表示剖面視圖，下列何者正確？

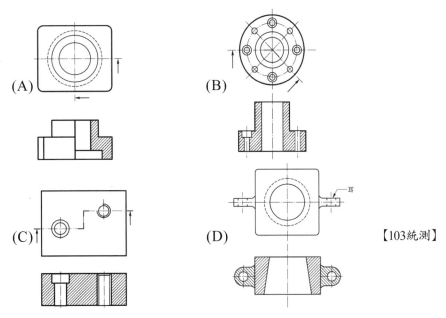

(A)

(B)

(C)

(D) 【103統測】

(　　) **50** 有關剖面視圖，下列敘述何者正確？　(A)剖面視圖是對物體作假
想的剖切，以瞭解其外部的真實形狀，該假想之切割面稱為剖面
(B)割面線一般為直線，但亦可視需要予以轉折，割面線之兩端及
轉折處應畫成細實線，中間則以中心線連接　(C)由假想之切割面
經物體之適當位置剖切後，所得之剖切面稱為割面　(D)剖面線需
與主軸或物體之輪廓成45°，但如遇機件外型已成45°時，其剖面線
應避免與輪廓線平行或垂直，並選擇適當的角度。　　　【105統測】

(　　) **51** 有關繪製物體之剖視圖，下列何者正確？

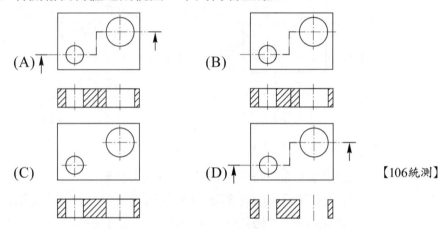

【106統測】

(　　) **52** 有關剖視圖的畫法，下列何者正確？

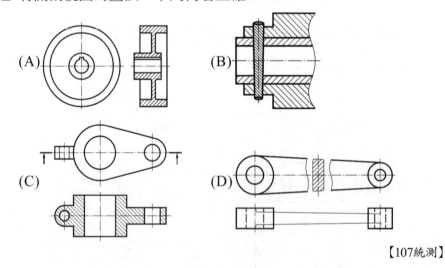

【107統測】

(　　) **53** 有關剖面視圖的敘述，下列何者正確？　(A)一個物體以一個切
割面為原則，不可同時進行多個剖面產生多個剖視圖　(B)相鄰
兩物體，其剖面線的間隔距離可相同，但繪製方向應相反或不

同　(C)移轉剖面又稱旋轉剖面,乃將剖面原地旋轉90°後繪出之剖視圖　(D)全剖面視圖僅可應用於對稱物體,非對稱物體不應使用。　　　　　　　　　　　　　　　　　　　　　【108統測】

(　　)　**54** 如圖所示之零件及其四個剖面視圖,哪一個剖視圖正確?

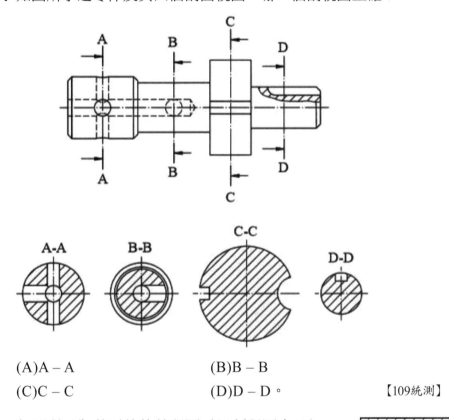

(A)A – A　　　　　　　　　　(B)B – B
(C)C – C　　　　　　　　　　(D)D – D。　　　　　　　【109統測】

(　　)　**55** 如圖所示為某零件的前視圖(以剖視圖表示),
下列何者為正確右側視圖?

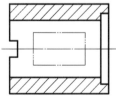

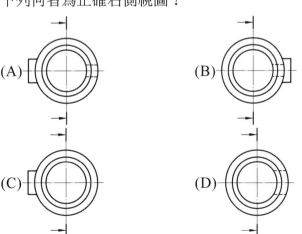

(A)　　　　　　　　　　(B)

(C)　　　　　　　　　　(D)　　　　　　　【110統測】

(　　) **56** 根據工程製圖的剖面視圖畫法，下列何者正確？

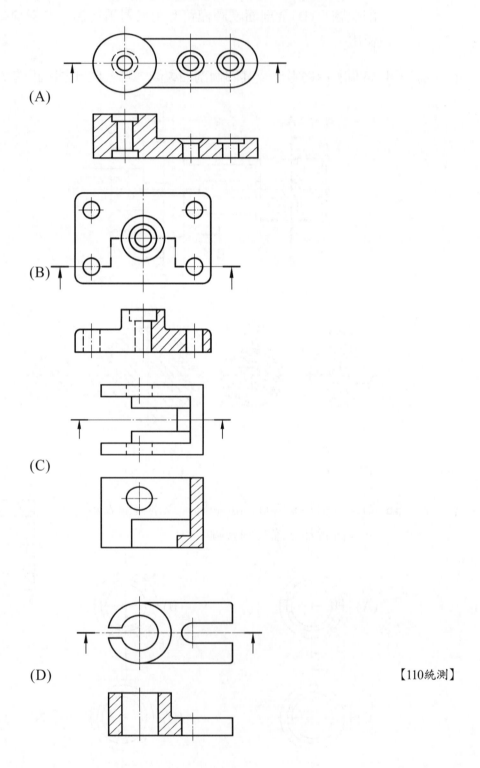

(A)

(B)

(C)

(D)

【110統測】

( ) **57** 關於剖面視圖之敘述，下列何者正確？　(A)全剖面視圖可將物體內部結構與外部形狀同時表現於一個視圖上　(B)剖面線之繪製需均勻等距，但若剖面範圍狹小時，則剖面線均省略不畫　(C)割面線為割面邊視圖所呈現的線，用以表明割面之切割位置　(D)旋轉剖面乃將剖切之斷面旋轉90度後所得到之視圖，而移轉剖面不需旋轉即可得到視圖。　【110統測】

( ) **58** 關於各種剖視圖的敘述，下列何者正確？　(A)物體被割面完全剖切，即將物體分割一半，且移去前半部稱為半剖面視圖　(B)局部剖面又稱斷裂剖面，表示物體內部某部分形狀，並以細實折斷線分界　(C)半剖面視圖是將剖面在剖切處原地旋轉90度，且剖面輪廓使用轉折線畫出　(D)工件的耳與凸緣被剖切及組合件遇剖切處有鉚釘、輪臂等，通常均不剖切。　【111統測】

( ) **59** 根據工程製圖的剖面視圖畫法，下列何者正確？

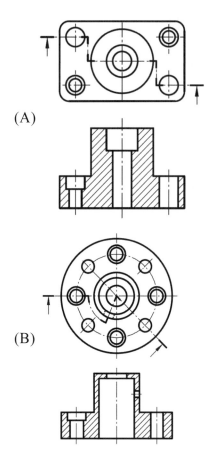

(A)

(B)

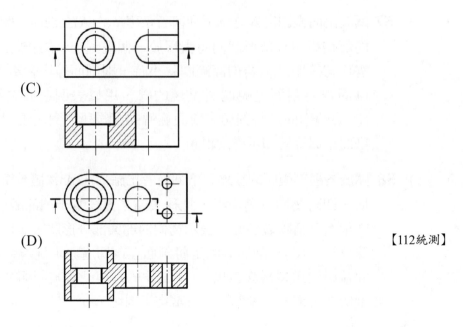

(C)

(D)

【112統測】

(　) **60** 有關剖面視圖之敘述，下列何者正確？　(A)剖視圖乃依照透視投
影原理繪出內部複雜機件的內部構造　(B)當剖視圖沿機件主體
軸剖切通過凸緣時，則剖切之凸緣需繪剖面線　(C)在半剖視圖
中，表示機件外部形狀處之所有隱藏輪廓均須以虛線繪出　(D)
局部剖面之範圍線以折斷線繪製，折斷線應與視圖之中心線或輪
廓線重合。　　　　　　　　　　　　　　　　　　　　　【112統測】

第8單元 習用畫法

本單元重點主要是了解各種習用畫法的相關知識，並且能夠正確使用，利用習用畫法畫出之視圖為較特殊之視圖，考題很常考這些特殊之視圖的定義，為重點之一，這單元內容單純，弄懂了會很好拿分，好好記住並能拿好基本分數，相信成功就會不遠處了！

8-1 局部視圖

一、局部視圖

(一) 物體之視圖，僅繪出欲表達之一部分而省略或斷裂其他部分的視圖，稱為局部視圖。

(二) 輔助視圖即為局部視圖之一。

二、局部視圖注意事項

(一) 局部視圖於必要時，可平行移至任何位置，不得旋轉，並須在投影方向加繪箭頭及文字註明，如圖8-1所示，尺度標註原則同前所述。

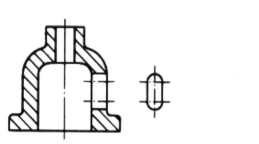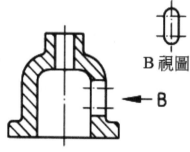

圖8-1 局部視圖

(二) 局部視圖只可平移。輔助視圖及移轉剖面可平移亦可旋轉。

8-2 │輔助視圖

一、輔助視圖意涵

(一) 輔助視圖六個主要視圖之外,斜面正垂方向的正投影視圖,統稱為輔助視圖。一般輔助視圖通常僅繪局部視圖。

(二) 具有斜面的物體,若用正投影視圖表示時,其斜面將因縮小而變形,無法顯示其真實形狀,則採用輔助視圖。

(三) 假設一與物體斜面平行的輔助投影面,即能表示斜面的真實形狀及大小,此種投影稱為輔助視圖。

(四) 必要時,輔助視圖可平行移至任何位置,但需在投影方向加註箭頭及文字。

(五) 旋轉符號為一半徑等於標註尺度數字字高之半圓弧,一端加繪標示旋轉方向之箭頭,如圖8-2所示。

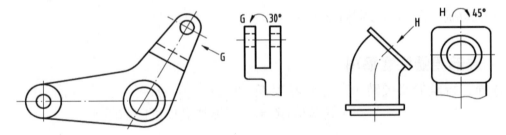

圖8-2　輔助視圖可以旋轉

二、輔助視圖原理

(一) 輔助視圖係利用正投影的原理。

(二) 欲求一斜面的實形,利用輔助視圖,須先求得邊視圖當作參考基準面。

三、局部輔助視圖

(一) 繪製輔助視圖的目的在於表達其傾斜部分的真實大小、形狀,一般應用上皆採用局部輔助視圖。

(二) 局部輔助視圖採用第三角投影最能表達清楚。

牛刀小試

( ) 有關視圖之敘述,下列何者<u>不正確</u>? (A)正投影視圖中,若只畫出欲表達之部分而省略其他部分的視圖,稱為局部視圖 (B)標註尺度時,半視圖省略的一半,可不必畫出省略端的尺度界線及尺度線的箭頭,但其尺度線的長度必須超過圓心 (C)對於具有奇數輪臂、肋、孔、耳等機件,於剖視圖上應依據轉正視圖原理畫成對稱 (D)為描述機件運動前後的相關位置時,應利用輔助投影原理,畫出輔助視圖。 【106統測】

──── **解答與解析** ────

(D)。為描述裝配物件的位置、剖視後已不存在的部分、零件的運動相關位置等,應利用虛擬視圖。為描述機件斜面時,應利用輔助投影原理,畫出輔助視圖。

8-3 | 半視圖

一、半視圖

(一) 對稱形狀的視圖,為了節省繪圖時間和圖紙的空間,可以畫出中心線的一側,而省略其他一半的視圖,稱為半視圖,如圖8-3所示。

(二) 半視圖與另一視圖的組合,應合乎第一角或第三角法畫法。

二、半視圖注意事項

(一) 如果前視圖為剖面視圖(全剖面視圖或半剖面視圖),俯視圖以半視圖表示時,應繪出遠離前視圖的後半部,如圖8-3左圖所示。

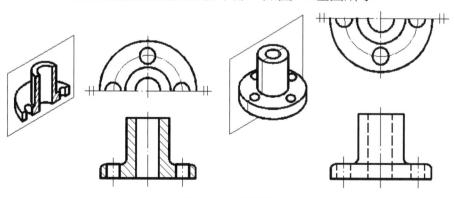

圖8-3 半視圖

(二) 如果前視圖為一般投影圖，俯視圖以半視圖表示時，應繪出靠近前視圖的前半部，如圖8-3右圖所示。

(三) 半視圖亦可在對稱軸之中心線，二端以兩條平行且垂直於中心線之細實線標註，其長度等於數字高度（H），二線相距為三分之一數字高度（H），以節省空間。

(四) 半視圖省略的一半，可不必畫出省略端的尺度界線及尺度線的箭頭，但標註尺度時其尺度線的長度必須超過圓心。

牛刀小試

(   )   如圖所示為某零件的俯視圖，下列何者為正確前視圖？

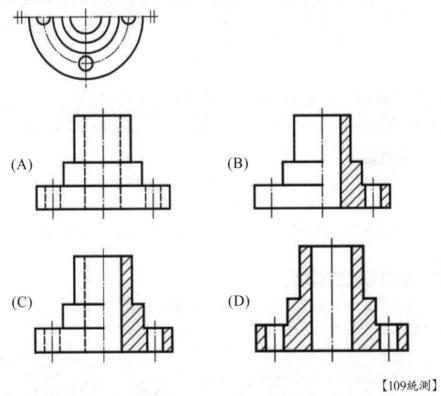

【109統測】

───── 解答與解析 ─────

(A)。物件前視圖有剖切時，俯視圖之半視圖則繪出後半部，反之，物件前視圖無剖切時，俯視圖之半視圖則繪出物件之前半部，題目中的俯視圖為物件之前半部，則前視圖之呈現應以物件外部為主。

8-4 | 中斷視圖

一、 長度甚長的物體，可將其中間形狀無變化之部分中斷，以節省空間，此種視圖稱為中斷視圖，如圖8-4所示。

二、 中斷部分以不規則細實線之折斷線繪製。

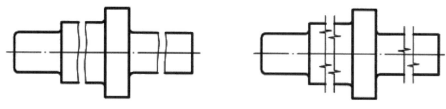

圖8-4　中斷視圖

8-5 | 轉正視圖

一、 轉正視圖

(一) 為簡化正常視圖之繪製所帶來的繁瑣，常將物體與投影面不平行的部位，旋轉至與投影面平行，然後繪出此部位的視圖，稱為轉正視圖。

(二) 如正常視圖之繪製，變形部分繪製困難，又不能表達正確形狀與大小，轉正後，既簡單又明瞭。

二、 轉正視圖之使用

(一) 正投影圖中為簡化視圖，所以常將物體中與投影面不平行（成一角度）的部位，旋轉至與投影面互相平行，然後再畫出此部位真實形狀的視圖。

(二) 常用於肋、臂、耳、軸等部分機件，如圖8-5所示。

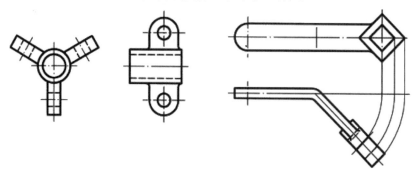

圖8-5　轉正視圖

8-6 │ 虛擬視圖

一、虛擬視圖

(一) 物體之某部位於視圖中並不存在，為表明其形狀或相關位置，以二點細鏈線繪出視圖，稱為虛擬視圖。

(二) 虛擬視圖所有表示的情形：

1. 裝配物件的位置。　　　　2. 剖視後已不存在的部分。

3. 零件的運動相關位置。　　4. 物件加工變化等。

二、成形前之輪廓表示法

機件如板金或衝壓成形者，若需表示其成形前之形狀，以假想線（二點細鏈線）繪出成形前之輪廓，如圖8-6所示。

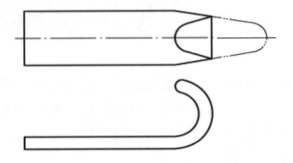

圖8-6　成形前之輪廓表示法

牛刀小試

(　　) 有關習用畫法的敘述，下列何者正確？　(A)虛擬視圖應使用假想線繪製，並可於虛擬視圖上標註尺度　(B)習用畫法為共同約定的製圖標準，且須完全遵守投影原理　(C)第三角法中，俯視圖採半視圖表示時，若前視圖為非剖面視圖，則俯視圖應畫後半部　(D)因圓角而消失的稜線為了呈現原有之輪廓，應使用粗實線繪製。
【108統測】

――― 解答與解析 ―――

(A)。(B)習用畫法不須完全遵守投影原理。(C)第三角法中，俯視圖採半視圖表示時，若前視圖為非剖面視圖，則俯視圖應畫前半部。(D)因圓角而消失的稜線為了呈現原有之輪廓，應使用細實線繪製。

8-7 局部放大視圖

一、局部放大視圖，又稱局部詳圖；一般視圖中，某部位太小，不易表明其形狀或標註尺度時使用，如圖8-7所示。

二、繪製局部放大視圖，將該放大部位畫一細實線圓圈住，然後以適當的放大比例，在此視圖附近繪出該部位的局部詳圖，並標註放大部位的英文字母及比例於圖形上方。

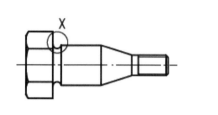
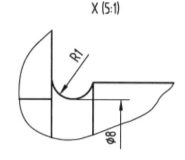

圖8-7　局部放大視圖

8-8 等距圓孔表示法

一、等距尺度標註法，如圖8-8所示。

二、等距數×間隔尺度＝總尺度。

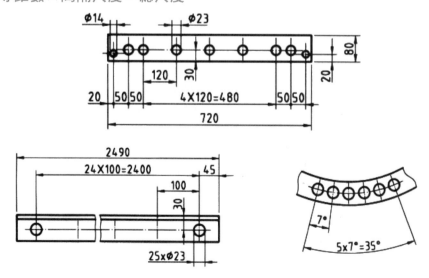

圖8-8　等距尺度標註法

8-9 ｜ 因圓角消失稜線之表示法

一、　機件中因圓角而消失之稜線，在原位置上以細實線表示，如圖8-9所示。

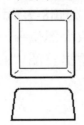

圖8-9　因圓角消失稜線之表示法

二、　細實線兩端稍留空隙約1mm。

8-10 ｜ 圓柱、圓錐面削平表示法

一、 圓柱、圓錐表面削平表示法

圓柱或圓錐表面經切削成平面狀，為
防止誤解起見，於被削平部分之對
角，畫對角交叉細實線表示之，如圖
8-10所示。

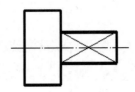

圖8-10　圓柱、圓錐面削平表示法

二、 孔內若削平亦同。

8-11 ｜ 輥花表示法

輥花、紋面、金屬網目表示法

(一) 機件之表面經加工輥壓，刨切成具輥花、紋面狀。

(二) 主要目的為易於握時，增加摩擦力與特殊用途。

(三) 加工部位可用平行細實線、垂直細實線或30°交叉細實線畫出一角表示
　　 之，如圖8-11所示。

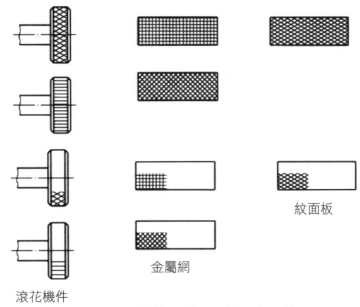

紋面板

金屬網

滾花機件

圖8-11　輥花、紋面、網目表示法

8-12 | 表面特殊處理表示法

物體某一部位需作特殊處理時，在該部位旁用一點粗鏈線畫出，並常以指線註解，如圖8-12所示。

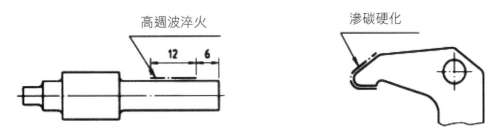

高週波淬火

滲碳硬化

12　　6

圖8-12　表面特殊處理表示法

8-13 │ 相同形態表示法

一、相同型態視圖

(一) 當物體上有多個相同型態呈一規律排列且呈對稱時，以中心線標示其位置外，並在其位置上擇一繪製其視圖即可，如圖8-13所示。

(二) 不呈對稱時，則須在兩端繪製其視圖，中間以細實線連接，如圖8-13所示。

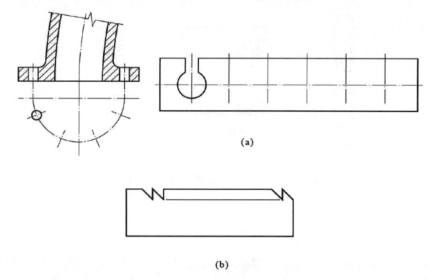

圖8-13　相同型態表示法

二、相同形態之尺度，只需標註一處之大小即可，如圖8-14所示。

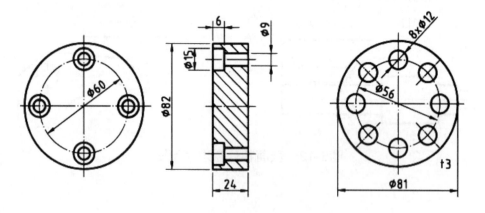

圖8-14　相同形態之尺度標註

8-14 | 肋、輻、耳之表示法表示法

一、輪輻（Spoke）

通常於剖視圖中，雖割面經過輪輻，但是不加剖面線。

二、腹板（Web）

腹板之實體的腹板（Web）需繪剖面線。

三、肋（Rib）

(一) 肋在零件上，主要功能是用於支撐加強，都是較薄斜面所形成。其在剖視圖中，雖割面縱切經過，仍不繪剖面線。

(二) 但為表示肋之斷面形狀或厚度，則可以旋轉剖面，如圖8-15所示。

(三) 奇數輪臂或肋不按真實投影畫出，奇數之肋以轉正剖視表示，如圖8-16所示。

(四) 奇數輪臂或肋之機件其剖面視圖，轉正後剖切作成對稱。

(五) 輪臂或肋之機件剖面視圖省略不畫，未轉正者亦省略不畫。

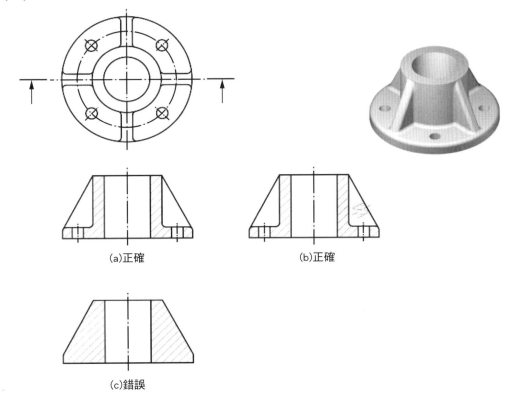

(a)正確　　　　　　(b)正確

(c)錯誤

圖8-15　肋

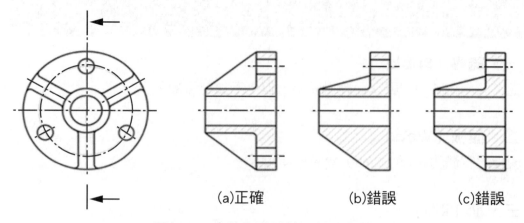

(a)正確　　　　　(b)錯誤　　　　　(c)錯誤

圖8-16　奇數之肋以轉正剖視表示

四、耳（Lug）與凸緣

(一) 機件上為了支撐或提吊而做出如耳之凸出物，即使被割面割切到，在剖視圖中通常是不予剖切。

(二) 凸緣係為增大兩件結合面，或作為底座之用，當被割面線切到時，在剖視圖中須加以剖面線表示之，如圖8-17所示之左端是耳，右端則為凸緣。

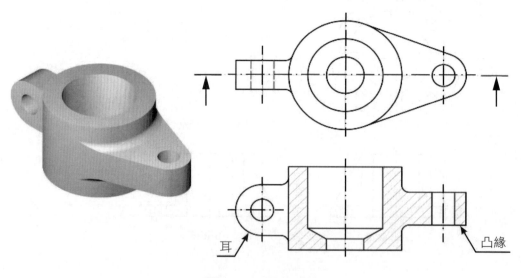

耳　　　　　　　　　　　　　　　　凸緣

圖8-17　耳與凸緣

考前實戰演練

( ) **1** 下列何者不屬特殊視圖的範圍？　(A)局部視圖　(B)轉正視圖　(C)半視圖　(D)斜視圖。

( ) **2** 在視圖中並不存在的部位，為表明其形狀或相關位置，常以細兩點鏈線繪出以供參考，此種視圖稱為？　(A)局部視圖　(B)中斷視圖　(C)轉正視圖　(D)虛擬視圖。

( ) **3** 機件如板金或衝壓成形者，若需表示其成形前之形狀，應以何種線條繪出？　(A)粗實線　(B)虛線　(C)細實線　(D)假想線。

( ) **4** 輥花的習用表示法是在圖面上畫？　(A)平行粗線　(B)短折線　(C)細實線　(D)剖面線。

( ) **5** 表示零件移動前後位置，可利用何種視圖？　(A)剖視圖　(B)局部視圖　(C)虛擬視圖　(D)中斷視圖。

( ) **6** 較長物件可將其間形狀無變化的部分中斷，以節省空間，此種視圖稱為？　(A)移轉視圖　(B)縮短視圖　(C)中斷視圖　(D)局部視圖。

( ) **7** 有關輥花表示法，下列敘述何者<u>不正確</u>？　(A)主要目的為易於握著　(B)可用平行細鏈線畫出　(C)加工部分可以只畫出一角表示之　(D)輥花可以使工件增加摩擦力。

( ) **8** 有關習用畫法的敘述，下列何者<u>不正確</u>？　(A)虛擬視圖應使用假想線繪製，並可於虛擬視圖上標註尺度　(B)習用畫法為共同約定的製圖標準，不須完全遵守投影原理　(C)第三角法中，俯視圖採半視圖表示時，若前視圖為非剖面視圖，則俯視圖應畫後半部　(D)因圓角而消失的稜線為了呈現原有之輪廓，應使用細實線繪製。

( ) **9** 以第三角法繪製，若物件前後對稱，前視圖為剖視圖，則俯視圖應繪？　(A)前半部　(B)後半部　(C)右半部　(D)左半部。

(　　) **10** 物體之視圖，僅繪出欲表達之一部分，而省略其他部分，稱為下列何者視圖？　(A)局部剖面視圖　(B)局部視圖　(C)局部詳圖　(D)半視圖。

(　　) **11** 局部詳圖是在欲放大之部位予以　(A)細實鏈圓　(B)細實線圓　(C)粗實鏈圓　(D)粗實線圓，並加註編碼大寫英文字母代號示之。

(　　) **12** 物體之斜面在主要投影面不能顯示其實形大小，如要求其實形大小，必須用下列何種視圖表達？　(A)透視圖　(B)輔助視圖　(C)斜視圖　(D)端視圖。

(　　) **13** 繪製輔助視圖所根據的投影原理是？　(A)斜投影　(B)透視投影　(C)三角投影　(D)正投影。

(　　) **14** 有關習用畫法的敘述，下列何者<u>不正確</u>？　(A)局部放大視圖不得旋轉，並在細實線圓旁及放大視圖上方標明字母與放大比例　(B)輥花、金屬網之表示法，以細實線表示，除完整畫出外，亦可僅畫出一角表示　(C)凸緣被剖切時不須畫剖面線　(D)因圓角消失之稜線，應以細實線表示並在兩端留空隙。

(　　) **15** 有關習用畫法的敘述，下列何者<u>不正確</u>？　(A)前視圖為非剖視圖，若右側視圖成對稱，以左半部來繪製半視圖　(B)肋被縱剖時不畫剖面線，但需以局部剖面視圖來表示其斷面形狀　(C)以虛擬視圖表達機件運動後之位置　(D)標準零件中之銷、螺釘、螺帽、鍵，通常不予剖切。

(　　) **16** 有關習用畫法的敘述，下列何者<u>不正確</u>？　(A)輪輻被縱剖時應畫剖面線　(B)對稱之視圖為節省圖紙空間，而只繪出一側者，此視圖稱為半視圖　(C)因圓角而消失之稜線，繪製時須與輪廓稍留空隙　(D)只繪製出想表達的部分，而省略其他部分的視圖稱為局部視圖。

(　　) **17** 下列習用畫法之表示，何者不以假想線表示？　(A)圓柱面表面被削平的部分　(B)物體成形前之形狀　(C)剖視後已不存在的部分　(D)物體運動後的位置與範圍。

（　）　**18** 下列何圖不是習用表示法？

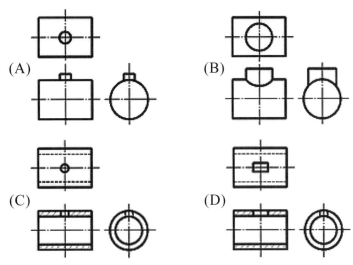

（A）　　　　　　　（B）

（C）　　　　　　　（D）

（　）　**19** 下列何圖為習用畫法？

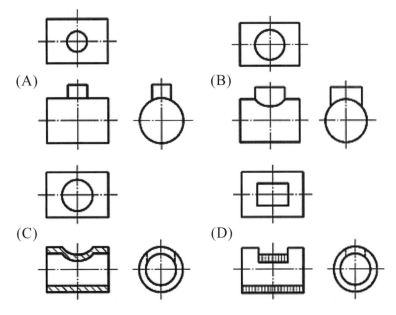

（A）　　　　　　　（B）

（C）　　　　　　　（D）

（　）　**20** 有關習用畫法的敘述，下列何者正確？　(A)可用中斷視圖將外型無變化之部分中斷，以節省空間　(B)圓柱與圓柱相交時，其交線可不依照投影法，其尺度差距小時以直線表示　(C)物體中不平行於主投影面的斜面之真實形狀可採用轉正視圖　(D)若以第三角法繪製視圖，前視圖為剖視圖，俯視圖若畫成半視圖時，則應畫前半部。

(　　) **21** 有關習用畫法的敘述，下列何者<u>不正確</u>？　(A)機件中因圓角而消失之稜線，以細實線在原位置上表示出，兩端須稍留空隙　(B)成對機件之視圖，可只畫出其中之一視圖，用文字在標題欄附近註明　(C)兩圓柱體直徑相距不大時，其交線習用畫法，以直線取代交線　(D)虛擬視圖中表示成形前之輪廓形狀，以假想線表示。

(　　) **22** 有關習用畫法的敘述，下列何者<u>不正確</u>？　(A)圓柱視圖有削平部分時，在圖面上以塗黑方式表示之　(B)表示外螺紋之端視圖時，須以細實線繪製，並留約四分之一缺口的圓弧來表示螺紋小徑　(C)肋被縱剖時，其剖面線應省略表示　(D)因圓角消失之稜線，如果隱藏時，則習用畫法為不需畫出。

(　　) **23** 有關習用畫法的敘述，下列何者正確？　(A)表示物體運動前後位置，可使用移轉視圖繪製　(B)板金或沖壓成形之機件，以假想線繪製出成形前之形狀　(C)當視圖為對稱形狀時，中心線的一半以實線繪製，一半以細鏈線繪製，則為半視圖　(D)材料上之輪幅、肋及凸緣等位置，不需繪製剖面線。

(　　) **24** 有關習用畫法的敘述，下列何者正確？　(A)用粗鏈線繪製不存在的圖形，來表達物體的相關位置，為虛擬視圖　(B)圓柱視圖中，若有一矩形畫上對角交叉細實線，表示該處被削平　(C)因圓角消失之稜線，以細實線繪製，其兩端必須接合不留空隙　(D)視圖中某部位太小，不易標註尺度時，可在該部位畫一點細鏈線圓，然後以適當之比例放大。

(　　) **25** 有關習用畫法的敘述，下列何者<u>不正確</u>？　(A)若表面須特殊處理加工時，則將該部位用粗鏈線而稍離輪廓線1mm表示之　(B)若物件某部位太小、不易表明形狀時，可在該部位畫一細實線圓，並在此視圖附近繪出該部位之局部放大視圖表示之　(C)兩圓柱尺度相差大時，其交線習用畫法以圓弧表示　(D)圓柱或圓錐面有一部分被削平時，應在平面上加畫交叉對角之細實線。

(　　) **26** 有關習用畫法的敘述，下列何者正確？　(A)機件中因圓角而消失之稜線，其習用畫法為在原位置繪製出兩端留隙之細實線　(B)

虛擬視圖的假想線為一點細鏈線　(C)前視圖為全剖面視圖時，若左側視圖成對稱，則以右半部繪製半視圖　(D)輥花、金屬網、紋面板之習用畫法，以粗實線畫出一角表示之。

( )　**27** 局部輔助視圖在應用時，採用何種投影最能表達清楚？　(A)第一角投影法　(B)第二角投影法　(C)第三角投影法　(D)第四角投影法。

( )　**28** 以第三角法繪製，若物件前後對稱，前視圖為一般正投影視圖，則俯視圖應繪？　(A)前半部　(B)後半部　(C)右半部　(D)左半部。

( )　**29** 虛擬視圖應以何種線條繪出？　(A)細實線　(B)粗實線　(C)細兩點鏈線　(D)虛線。

( )　**30** 只繪出機件局部形狀而省略或斷裂其他部分圖形之視圖稱為？　(A)局部放大詳圖　(B)局部視圖　(C)半視圖　(D)中斷視圖。

( )　**31** 若圖面尺度線位置太小，尺度不易記入時，則可使用？　(A)局部詳圖　(B)全剖面　(C)旋轉剖面　(D)輔助視圖。

( )　**32** 若前視圖表示物體的高度與寬度，有關單斜面輔助視圖，下列敘述何者<u>不正確</u>？　(A)輔助視圖的投影線一定要和該斜面的邊視圖呈45°　(B)由前視圖中的斜面邊視圖所作的輔助視圖，可顯示物體的深度　(C)由俯視圖中的斜面邊視圖所作的輔助視圖，可顯示物體的高度　(D)由側視圖中的斜面邊視圖所作的輔助視圖，可顯示物體的寬度。

( )　**33** 繪製輔助視圖之主要目的為顯示斜面之？　(A)內、外部形狀　(B)投影關係　(C)真實形狀大小　(D)長度範圍。

( )　**34** 機件的表面特殊處理，需用何種線，畫於需處理部分輪廓線之外，平行並稍離，再用指線及文字或符號註明其加工法？　(A)粗鏈線　(B)細實線　(C)虛線　(D)粗實線。

( )　**35** 正投影視圖中，矩形內加一雙對角線是表示此面為？　(A)圓錐面　(B)平面　(C)曲面　(D)圓球面。

(　　) **36** 若將物件與投影面不平行的部分旋轉至與投影面平行，然後繪出此部位的視圖，稱為？　(A)移轉視圖　(B)迴轉視圖　(C)旋轉視圖　(D)轉正視圖。

(　　) **37** 已知物體的三個視圖如圖所示，則此物體斜面B的面積等於？　(A)100　(B)150　(C)200　(D)250。

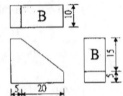

(　　) **38** 下列有關視圖的敘述，何者<u>不正確</u>？　(A)繪製中斷視圖時，在折斷處以不規則粗實線表示　(B)標註半視圖尺度時，尺度線的長度必須超過圓心　(C)對稱機件可用半視圖繪製，以節省圖紙空間　(D)形狀規則沒有變化的長形物體，可使用中斷視圖繪製以節省圖紙空間。　【97統測】

(　　) **39** 下列有關單斜面與複斜面的敘述，何者<u>不正確</u>？　(A)複斜面在三視圖中，皆為非真實大小之平面　(B)複斜面與三個主要投影面之一平行　(C)平面與三個主要投影面之一垂直，而與另外兩個主要投影面傾斜者，稱為單斜面　(D)求單斜面實形時，須先假設一輔助投影面平行於該單斜面。　【97統測】

(　　) **40** 圖為一物體之三視圖，根據第三角投影法，下列敘述何者正確？

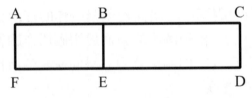

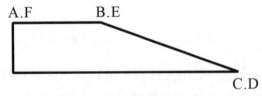

　(A)俯視圖中，平面BCDE為真實大小之平面
　(B)此物體具有複斜面
　(C)俯視圖中 $\overline{ED}$ 為實長
　(D)前視圖中為 $\overline{BC}$ 實長。　　　　　　　　　　　【97統測】

(　) **41** 為簡化視圖及節省繪製時間，常將物件與投影面不平行的部分旋轉
至與投影面平行，然後繪製此部分之視圖，這種視圖稱為？　(A)虛
擬視圖　(B)轉正視圖　(C)中斷視圖　(D)局部視圖。　【98統測】

(　) **42** 下列有關線條的敘述，何者正確？　(A)作圖線係以粗實線表示　(B)
割面線係以虛線表示　(C)表示圓柱之削平部位所加畫之對角交叉線
係以細實線表示　(D)旋轉剖面的輪廓線係以粗鏈線表示。　【98統測】

(　) **43** 視圖中，為了某些特殊之需要，得在圖面上加畫並不存在的圖
形，以表達機件的形狀或相關位置，這種視圖稱為？　(A)局部
視圖　(B)轉正視圖　(C)中斷視圖　(D)虛擬視圖。　【100統測】

(　) **44** 在習用畫法中，下列何者不是用細實線來表示？　(A)因圓角消失
的稜線　(B)圓柱表面被削平的部位　(C)圓柱與圓柱的交線　(D)
機件的輥花加工面。　【101統測】

(　) **45** 習用畫法中之線條用法，下列何者正確？　(A)中斷視圖中的折斷
處，以不規則粗實線表示　(B)機件經輥花之加工面，以細實線表
示　(C)局部放大視圖中，該放大部位以一細鏈線畫一圓圈　(D)機
件表面實施特殊處理的範圍，以兩點粗鏈線表示。　【102統測】

(　) **46** 如圖所示為第三角法表示之四組視圖，下列何者為正確之半視圖？

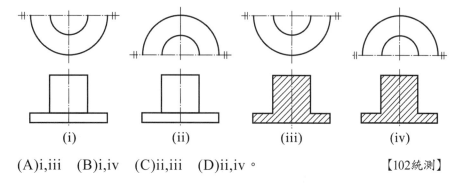

(i)　　　　(ii)　　　　(iii)　　　　(iv)

(A)i,iii　(B)i,iv　(C)ii,iii　(D)ii,iv。　【102統測】

(　) **47** 為某些原因必須在視圖上加繪不存在的圖形，下列何者不是虛擬
視圖所表示的情形？　(A)裝配物件的位置　(B)剖視後已不存在
的部分　(C)零件的運動位置　(D)物件被隱藏的部位。　【103統測】

(　　) **48** 有關奇數輪臂或肋之機件其剖面視圖習用畫法，下列敘述何者正確？　(A)按真實投影畫出　(B)轉正後作成對稱，未轉正者按真實投影畫出　(C)轉正後剖切作成對稱，輪臂或肋之機件剖面視圖省略不畫，未轉正者亦省略不畫　(D)轉正後剖切作成對稱，含輪臂或肋之機件剖面，未轉正者省略不畫。　　　　【105統測】

(　　) **49** 有關視圖之敘述，下列何者<u>不正確</u>？　(A)正投影視圖中，若只畫出欲表達之部分而省略其他部分的視圖，稱為局部視圖　(B)標註尺度時，半視圖省略的一半，可不必畫出省略端的尺度界線及尺度線的箭頭，但其尺度線的長度必須超過圓心　(C)對於具有奇數輪臂、肋、孔、耳等機件，於剖視圖上應依據轉正視圖原理畫成對稱　(D)為描述機件運動前後的相關位置時，應利用輔助投影原理，畫出輔助視圖。　　　　【106統測】

(　　) **50** 有關習用畫法的敘述，下列何者正確？　(A)虛擬視圖應使用假想線繪製，並可於虛擬視圖上標註尺度　(B)習用畫法為共同約定的製圖標準，且須完全遵守投影原理　(C)第三角法中，俯視圖採半視圖表示時，若前視圖為非剖面視圖，則俯視圖應畫後半部　(D)因圓角而消失的稜線為了呈現原有之輪廓，應使用粗實線繪製。　【108統測】

(　　) **51** 如圖所示為某零件的俯視圖，下列何者為正確前視圖？

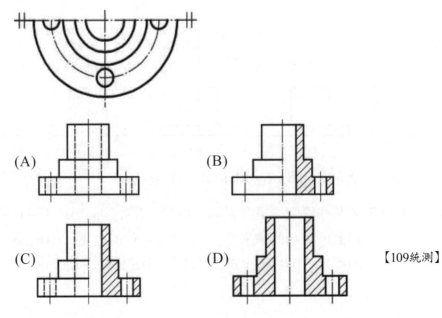

(A)　　　　(B)

(C)　　　　(D)　　　　【109統測】

( ) **52** 關於習用畫法之敘述，下列何者正確？ 　(A)零件上因製作圓角而消失之稜線，為了容易識圖可用虛擬視圖表示之　(B)機件需以輥花加工，加工表面之輥紋形狀應以細實線表示於視圖中　(C)圓柱或圓錐上局部削平之平面，須在平面上加畫對角交叉之粗實線以便區別　(D)局部視圖乃將對稱物體以中心線為界畫出一側之視圖，且省略另一側之視圖者。　　　　　　　　　　　【110統測】

( ) **53** 如圖所示為導圓角立體視圖，若需用第三角法的兩視圖（上圖為俯視圖，下圖為前視圖）表示方式，則下列表示法何者正確？

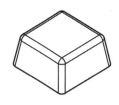

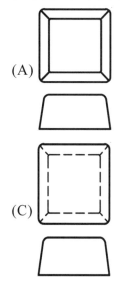

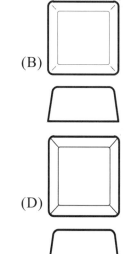

【111統測】

( ) **54** 如圖所示為單一零件的示意圖，下列何者為正確的半視圖表示法？

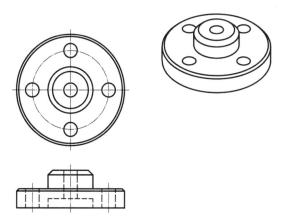

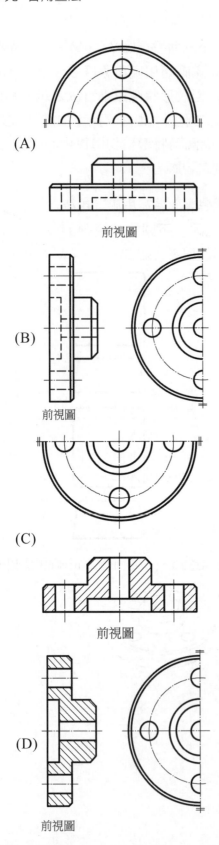

(A)

前視圖

(B)

前視圖

(C)

前視圖

(D)

前視圖

【111統測】

(　　) **55** 如圖所示為一物件的正投影視圖（第三角法），以輔助視圖TS表
達斜面abc的實形，下列何者為正確的輔助視圖TS？

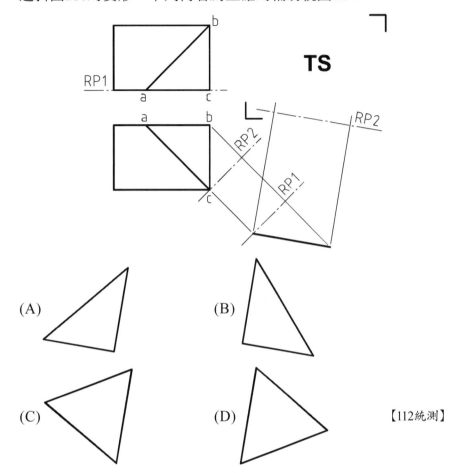

(A)

(B)

(C)

(D)

【112統測】

第9單元 基本工作圖

重點導讀

基本工作圖可說是非常重要的一個單元，統測幾乎年年都考，而且機械製造第七單元也有提到公差的部分，所以極為重要，本單元三大重點為公差配合、表面織構符號以及幾何公差，其中表面織構符號與幾何公差為近年來新納入內容，成為了熱門考題趨勢，本單元內容雖多，但可以先讀好基本的，再來深入了解，若學懂這個，對工作圖的理解會更上一層樓，加油！

9-1 工作圖基本內涵

一、 工作圖的分類

(一) 組合圖：稱為組立圖或裝配圖，是用來表示各機械或產品的構造於裝配組合時顯示彼此相對關係的。說明零件間的裝配關係和相關位置、主要零件的尺度、各零件名稱及零件材料等資料。

(二) 零件圖：又稱為詳圖或分解圖，是提供製造機件所需各項詳細資料的。

二、 標註件號時，應遵守下列注意事項

(一) 同一零件不論在組合圖、零件圖或零件表中之編號均須相同。

(二) 件號字體之大小：用為標示零件之件號，其字高為尺度數字高之二倍。

(三) 零件圖有件號，但不繪件號線。

(四) 當多數個零件同時繪於一張圖紙時，件號寫在視圖上方為原則。

(五) 組合圖中件號線用細實線，由該零件內引出，並在零件內之一端加一小黑點，另端對準件號數字中心。

(六) 件號線盡量避免畫成垂直或水平，件號線彼此不得相交。

(七) 組合圖中若有數個相同之零件，應只標示一件即可，不需重複編號。

(八) 組合圖中一般不畫虛線。

三、標題欄

(一) 標題欄：為工作圖中不可或缺的重要資料；為使圖面易於查閱與管理，每一張工作圖均須繪製標題欄。

(二) 標題欄位於圖紙圖框之右下方。

(三) 標題欄中包括以下事項：

1. 圖名：包含零件圖的零件名稱或組合圖的機械或機構名稱。

2. 圖號：係作為識別與管理之用。

3. 機構名稱：指校名或公司、企業名稱。

4. 設計、繪圖、描圖、校核、審定等人員姓名及日期。

5. 投影法（第一角法或第三角法）：可用文字或符號說明。

6. 比例：說明繪製圖面的比例大小。

7. 一般公差。

四、零件表

(一) 零件表可加在標題欄上方，其填寫次序由下而上。

(二) 若機械之組成零件較多時，零件表可用單頁書寫，其填寫次序由上向下。

(三) 零件表應包括：件號、名稱、件數、圖號、材料、備註等。

牛刀小試

(　　) **1** 下列敘述何者正確？

(A)在組合圖中，標準零件不需畫出，僅需將其名稱、規格、數量等填寫在零件表中即可

(B)位於標題欄上方的零件表，其件號的填寫順序是由上而下，由小到大依序編號

(C)組合圖是用來描述裝配完成的機器或結構的圖面，能明確的表示各零件間的關係位置

(D)組合圖的主要用途是要表現各零件的形狀和大小，而不是要表達各零件間的結合情形。　　　　　　　【106統測】

( ) **2** 工程圖可依照內容或用途進行分類，下列工程圖種類，何者正確？
(A)平面管路圖　　　　　(B)立體系統圖

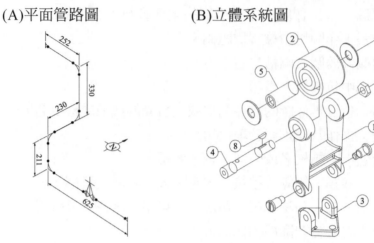

(C)局部縮小圖　　　　　(D)立體零件圖

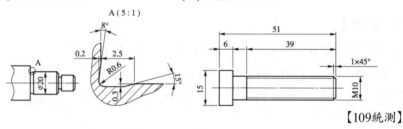

【109統測】

( ) **3** 有關工作圖之分類及敘述，下列何者正確？　(A)零件圖主要之用途乃將齒輪、螺栓、螺帽、鍵、銷、軸承等標準零件之形狀、尺度及結構做完整且正確描述之圖面　(B)件號是指每一張繪製完成之工作圖所屬的編號，以便於歸檔及索引查詢　(C)組合圖乃描述整體機械的組合狀態，複雜機械的組合圖須繪製詳細的形狀、尺度與公差　(D)部分組合圖用以描述複雜機械中的某一部分構造之組裝或組合。
【109統測】

───── 解答與解析 ─────

1 (C)。(A)在零件圖中，標準零件不需畫出，僅需將其名稱、規格、數量等填寫在零件表中即可。(B)位於標題欄上方的零件表，其件號的填寫順序是由下而上，由小到大依序編號。(D)組合圖是要表達各零件間的結合情形。零件圖的主要用途是要表現各零件的形狀和大小。

2 (B)。 (A)為立體管路圖,非平面。(C)為局部放大圖。(D)為零件工作圖,非立體零件圖。

3 (D)。 (A)零件圖為零件加工之工作圖面,應將零件之形狀、尺度、公差等於圖面中呈現,而題目中的螺栓、螺帽、鍵、銷等為標準零件,不須標出完整尺度,只須標出規格即可。(B)件號是零件編號,歸檔索引查詢者稱為圖號。(C)組合圖只須繪製各零件形狀與組裝位置,不須標出詳細尺度與公差。

9-2 | 尺度與加工之關連

一、尺度與加工之概述

(一) 機械加工主要是依據設計圖中之尺度,運用機具的加工改變其材料之尺度。

(二) 完成各個不同零件,進而將零件組合形成具功能性之成品。

(三) 從設計、製造加工到裝配,尺度標註須符合加工概念是很重要的環節。

二、一般尺度之基準標註法

(一) **基準面基準法**:一般尺度標註時須考慮以基準面作基準,例如進行車床車削階級外徑時,加工時第一步驟須先車削端面,以做為車削及測量基準。

(二) **中心線基準法**:是以機件中某一特定的孔中心為基準,引出孔的中心線為基準線再標註。

(三) **單一尺度線為基準面的標註法**:在同一方向的位置尺度且有共同的基準面時,可用單一尺度線。

(四) **極座標尺度標註法**:以圓心為基準,取一線和角度尺度為距離和方向定位的標註方法,常用於角度的標註。

(五) **運用表格標註法**:當有多個孔之位置尺度,可建立表格於圖旁說明之,表格內容有孔號、X座標位置、Y座標位置及孔徑,並於每個孔之右上方,標示孔號,此方式表示可以將孔之標註更簡明清楚。

9-3 ｜認識公差

一、 公差基本觀念

(一) **孔**：工件之內部尺度形態，含非圓柱形者。

(二) **基孔**：以孔作為基孔制配合系統之基準，以H表示。

(三) **軸**：工件之外部尺度形態，含非圓柱形者。

(四) **基軸**：以軸作為基軸制配合系統之基準，以h表示。

(五) **標稱尺度**：由工程製圖技術規範所定義理想形態之尺度。係應用上及下限界偏差得知限界尺度之位置。

(六) **限界尺度**：尺度形態之可允許之限界尺度。

　1. 上限界尺度：尺度形態可允許之最大尺度。

　2. 下限界尺度：尺度形態可允許之最小尺度。

(七) **偏差**：某數值減去其參考值。對尺度偏差而言，此數值為實際尺度，其參考值為標稱尺度。

　1. 上限界偏差：為上限界尺度減標稱尺度。可以是正、零或負。

　2. 下限界偏差：為下限界尺度減標稱尺度。可以是正、零或負。

(八) **公差**：上限界（最大）尺度與下限界（最小）尺度之差。公差亦為上限界偏差與下限界偏差之差。公差為絕對值，無正負號。

二、 公差依用途分

(一) **通用公差（一般公差）**：於圖上未標註公差尺度者。

(二) **專用公差**：係專用於某一尺度之公差，在圖上公差與該尺度數字並列。

三、 公差依制度分

(一) **單向公差**：係由基本尺度於同側加或減一變量所成之公差。

(二) 亦即設計尺度時於一個方向（正向或負向）給予公差。孔件之公差常為正公差，軸件常為負公差。因此單向公差適用一般孔、軸配合。

(三) **雙向公差**：係在基本尺度兩側同時加與減一變量所成之公差。亦即設計尺度時於兩個方向（正向或負向）都給予公差。另常用基孔制配合之J、JS、K公差位置，和基軸制配合之j、js公差位置，其公差都使用雙向公差。

四、 公差符號

(一) 公差符號是以英文字母和數字並列,例如:20H7。

(二) 字母代表公差域與零線間之位置關係,亦即一般所稱公差位置。

(三) 數字代表公差等級的級數。

(四) 例如:20H7,20為標稱尺度,H為偏差位置,7為公差等級。

五、 公差的位置

(一) 公差的位置以26個英文字母中除I、L、O、Q、W等五個字母未被列用外,另增加CD、EF、FG、JS、ZA、ZB、ZC雙併字母七個,如圖9-1所示。

(二) 共分有28個規定位置。

(三) 孔公差位置以大寫字母表示,孔的H位置其最小限界尺度位於零線上。

(四) H上偏差為正,下偏差為零。

(五) 軸公差位置以小寫字母表示,軸的h位置其最大限界尺度位在零線上。

(六) h上偏差為零,下偏差為負。

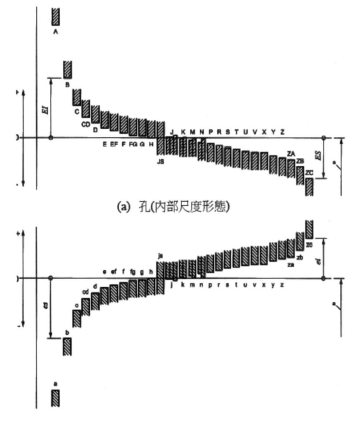

(a) 孔(內部尺度形態)

圖9-1　孔與軸之公差位置

【註：孔軸說明】

孔（大寫）	軸（小寫）
（A~G）$^{+}_{+}$	（a~g）$^{-}_{-}$
基孔H$^{+}_{0}$	基軸h$^{0}_{-}$
J$^{+大}_{-小}$	j$^{+}_{-}$
JS$^{+}_{-}$同	js$^{+}_{-}$同
K$^{+小}_{-大}$	（k~zc）$^{+}_{+}$
（M~ZC）$^{-}_{-}$	

六、 公差的等級

(一) 國際標準（ISO）公差制度與中華民國國家標準（CNS）公差制度規範；500公厘以下分20等級，即IT01、IT0、IT1至IT18。

(二) 500至3150公厘則分18等級，即IT1至IT18。

七、 公差等級之選擇

(一) IT01～IT4：用於規具公差。

(二) IT5～IT10：用於配合機件公差。

(三) IT11~IT18：用於不配合機件或初次加工之公差。

(四) 同一公稱尺度，公差等級數愈大，則公差值愈大。例：20H8公差值大於20H6。

(五) 同一公差等級，公稱尺度愈大，則公差值愈大。例：30H8公差值大於20H8。

牛刀小試

(　) **1** 有關公差術語與定義，下列敘述何者正確？　(A)限界尺度：尺度型態可允許的限界值，為滿足要求的實際尺度，必須在上下限界尺度之間　(B)實際尺度：由工程製圖技術規範所定義之理想形態的尺度，亦為設計時最初尺度　(C)標稱尺度：實體特徵實際量測所得的尺度　(D)公差：上限界尺度與下限界尺度之差，可為正負值。　　　　　　　　　　　　　　　【105統測】

(　) **2** 若孔之標稱尺度為35mm，上限界尺度為35.007mm，公差為0.025mm，則下限界尺度為多少mm？　(A)34.975　(B)34.982　(C)35.000　(D)35.032。　　　　　　　　　　　　　　　　　　　【106統測】

――――― **解答與解析** ―――――

1 (A)。(B)實際尺度（actual size）：有關實體特徵之尺度，實際尺度由量測而得，為滿足要求實際尺度應介於上限尺度及下限界尺度之間。(C)標稱尺度（nominal size）：由工程製圖技術規範所定義理想形態之尺度。係應用上及下限界偏差得知限界尺度之位置。(D)公差（tolerance）：係零件所允許之差異，為上限界尺度與下限界尺度之差。公差為絕對值，無正負號。

2 (B)。下限界尺度＝上限界尺度－公差＝35.007－0.025＝34.982（mm）。

9-4 認識配合

一、配合基本觀念

(一) 配合：係軸、孔裝配一起，轉動或固定所需之鬆緊程度，在裝配前尺度差異關係。

(二) 餘隙：孔之尺度大於軸之尺度時，孔與軸之尺度差異為正值。
　1. 最大餘隙：孔之最大尺度與軸之最小尺度之差。
　2. 最小餘隙：孔之最小尺度與軸之最大尺度之差。

(三) 干涉：軸之尺度大於孔之尺度時，軸與孔之尺度差異為負值。
　1. 最大干涉：孔之最小尺度與軸之最大尺度之差。
　2. 最小干涉：孔之最大尺度與軸之最小尺度之差。

(四) **過渡配合**：裝配可能為有餘隙或有干涉之配合。

  1. 最大餘隙：孔之最大尺度與軸之最小尺度之差。

  2. 最大干涉：孔之最小尺度與軸之最大尺度之差。

(五) 裕度：

  1. 二配合件在最大材料限界所期望之差異。亦即二配合件間之最小餘隙或最大干涉，又稱容差或許差。

  2. 裕度＝孔最小－軸最大。

二、配合種類

(一) 餘隙（鬆、滑動）：會有最大餘隙、最小餘隙。

(二) 干涉（緊、過盈）：會有最大干涉、最小干涉。

(三) 過渡（靜、精密）：會有最大餘隙、最大干涉。

三、配合符號（ϕ20G7/h7）

(一) 先標註配合件共有之基本尺度（ϕ20）。

(二) 其後接寫孔之公差符號（G7），再接寫軸之公差符號（h7）。

四、配合等級之選擇

(一) 選擇公差之精密度等級須視工作之情況而定，不必隨意選擇高精密度公差，以免使生產成本提高。

(二) 配合時孔軸通常採用同級公差（如ϕ30H7/g7），但在某些情況也可使軸之等級較孔之等級少一級（如ϕ30H7/g6）。

五、配合制度

(一) 基孔制（H制）：

  1. 在任一公差等級內，孔之公差位置（H）不變去配軸。

  2. 常用孔配合之公差等級為H5～H10等六種。

  3. 基孔制即下偏差為0的孔，即孔最小尺度為基本尺度。

  4. 一般工業界採用基孔制為原則。

(二) 基軸制（h制）：

  1. 在任一公差等級內，軸之公差位置（H）不變去配孔。

  2. 常用軸配合之公差等級為h4～h9等六種。

  3. 基軸制即軸上偏差為0的軸，即軸最大尺度為基本尺度。

六、最新ISO配合種類的簡易判別【近似值】

	基孔制(H)	基軸制(h)
餘隙配合	H／a～h	A～H／h
干涉配合	H／n～z	N～Z／h
過渡配合	H／j、js、k、m	J、JS、K、M／h

牛刀小試

(　　) **1** 某一軸孔配合如圖所示，下列何者為該配合之最大間隙？

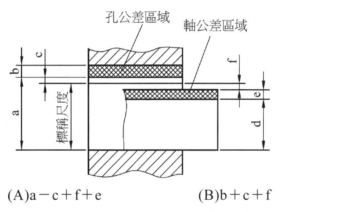

(A)a－c＋f＋e　　　　　　(B)b＋c＋f

(C)a＋b－d　　　　　　　(D)e＋f＋c。　　　　　　【108統測】

(　　) **2** 軸孔配合之標註為ϕ32H7/s6，判斷下列何者正確？（單位：mm）

(A)孔的下限界偏差為＋0.025

(B)軸的上限界偏差為－0.018

(C)軸孔配合的最小間隙為＋0.043

(D)軸孔配合的最大干涉為－0.059。　　　　　　【109統測】

解答與解析

1 (C)。軸孔配合之最大間隙＝孔最大－軸最小＝a＋b－d。

2 (D)。(A)孔的下限界偏差為0。(B)軸的上限界偏差為0。(C)此軸孔配合為干涉配合無最小的空隙。軸孔配合符號ϕ32H7/s6→孔的公差為$\phi32_{\ 0}^{+0.025}$；軸的公差為$\phi32_{+0.043}^{+0.059}$。孔軸配合的最大干涉量發生在孔最小軸最大的時候，孔最小為32，軸最大為32.059，32－32.059＝－0.059。

9-5 │ 認識幾何公差

一、幾何公差

(一) 一種幾何形態之外形或其所在位置之公差，對於某一公差區域，該形態或其位置必須介於此區域之內。

(二) 基準形態：即是一個基準面或基準線，各種幾何公差皆以該面或該線為基準。

二、最大實體狀況（MMC）

(一) 係指機件擁有最大材料量時之限界尺度。

(二) 以符號 Ⓜ 表示之。

(三) 最大實體狀況為軸之最大限界尺度或孔之最小限界尺度，因擁有最大材料量，此兩限界尺度即稱為最大實體狀況。

三、幾何公差一般原則

(一) 幾何公差與長度或角度公差，兩者相互抵觸時，應以幾何公差為準。

(二) 限制平行度或垂直度公差時，亦同時限定了該平面之真平度誤差。

(三) 限制對稱度公差時，同時亦限制真平度與平行度誤差。

(四) 限制同心度公差時，同時亦限制真直度與對稱度誤差。

四、幾何公差符號

形態	公差類別	公差性質	符號
單一形態	形狀公差 （六種）	真直度	▬
		真平度	▱
		真圓度	○
		圓柱度	⌭
單一或相關形態		曲線輪廓度	⌒
		曲面輪廓度	⌓

		垂直度	⊥
	方向公差 （三種）	平行度	//
		傾斜度	∠
相關形態	定位公差 （三種）	位置度	⊕
		同心度	◎
		對稱度	=
	偏轉公差 （二種）	圓偏轉度	↗
		總偏轉度	⤢

五、 幾何公差公差方框

(一) 幾何公差的標註是寫在一個長方形框格內，此方框再分若干小格（二格以上），由左至右依序填入下列各項，如圖9-2所示。

(二) 幾何公差框格採用細實線。

(三) 幾何公差符號之大小及粗細與尺度標註數字高H成正比。

六、 幾何公差標註

(一) **第一格：**欲訂之幾何公差符號，標註於第一格內。

(二) **第二格：**公差數值標註於第二格內，其單位為mm，不必另行註明。若為圓形或圓柱形則在數值前加一「φ」符號。

(三) **第三格：**基準面、標準面或基準線（單個或多個）係用大寫英文字母來識別，將字母標註於第三格內。方框用細實線繪製，其高低及長短依符號大小而定。

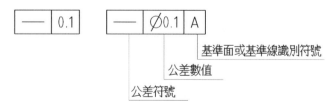

圖9-2　公差方框之填註

七、幾何公差引線

(一) 如箭頭指在一個表面之輪廓線或其延長線，而正對在一個尺度線上時，則該公差係對該尺度所標註之形態部分之中心軸線為基準，如圖9-3所示。引線之箭頭亦可與尺度線合用。

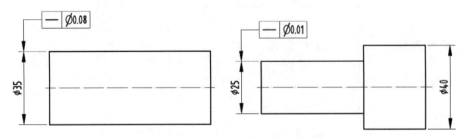

圖9-3　係指所標註之形態部分之中心軸線

(二) 如箭頭指在一個表面之輪廓線或其延長線而不正對在尺度線上時，則該公差係對該輪廓或該表面而言，如圖9-4所示。

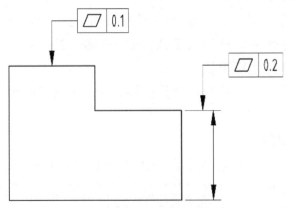

圖9-4　係指輪廓線或面

(三) 如箭頭指在一中心軸線上，則該公差係對以該軸線為中心線的所有幾何形態而言，如圖9-5所示。

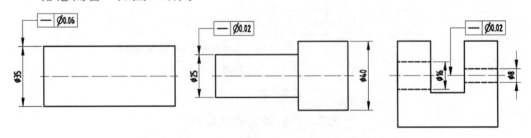

圖9-5　以中心線為軸線之所有幾何形態

牛刀小試

( ) 如圖所示之幾何公差標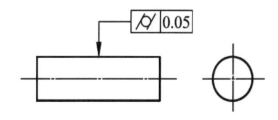
註，下列說明何者正
確？ (A)該圓柱之表面
須介於兩個同心軸線而
相距0.05mm之圓柱面之
間 (B)該圓柱體表面上任一直線須位於相距0.05mm之兩平行直
線之間 (C)任一與軸線垂直之斷面上，其周圍須介於兩個同心
而相距0.05mm的圓之間 (D)該圓柱體軸線須位於直徑為0.05mm
之圓柱區域內。 【109統測】

────── 解答與解析 ──────

(A)。(B)該圓柱體表面上任一直線須位於相距0.05mm之兩平行直線之間
為圓柱表面之真直度。(C)任一與軸線垂直之斷面上，其周圍須介於
兩個同心而相距0.05mm的圓之間為真圓度。(D)該圓柱體軸線須位
於直徑為0.05mm之圓柱區域內為軸線之真直度。

9-6 │認識表面織構符號

一、 表面織構與表面織構符號

工作物在加工過程中使機件表面產生凹凸紋路或粗糙痕跡，稱為表面織構
（Surface Texture）。

二、 表面織構符號組成

(一) 基本符號（Basic Graphical Symbol）

1. 基本符號包含兩條不等長且與指定表面成60°之兩直線，其頂點必須與代
   表加工面之邊視圖或其延長線接觸，如圖9-6所示。
2. 基本符號中無任何加註事項之基本符號，不能單獨使用。

圖9-6 表面織構符號的基本符號

(二) 完整符號（Complete Graphical Symbol）：

當必要補充說明表面織構特徵時，必須在圖任一符號中長邊加一水平線，如圖9-7所示。

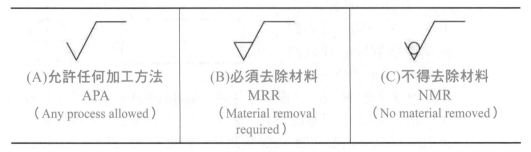

(A)允許任何加工方法 APA （Any process allowed）	(B)必須去除材料 MRR （Material removal required）	(C)不得去除材料 NMR （No material removed）

圖9-7　完整符號

(三) 工件輪廓所有表面之符號：

1. 當工件輪廓（投影視圖上封閉的輪廓）所有表面有相同織構時，須在圖上完整符號中加上一圓圈，如圖9-8所示。
2. 若環繞之標註會造成任何不清楚時，各個表面必須個別的標註。

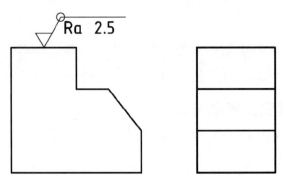

圖9-8　對所有7個平面之表面織構要求

三、表面織構參數（Surface Texture Parameter）

(一) 輪廓參數（Profile Parameter）相關參數有：

1. R輪廓（粗糙度參數）（Roughness Profile）：由加工方法的刀具痕跡，切削撕裂材料塑性變形形成。
2. W輪廓（波紋參數）（Waviness Profile）：由機器或刀具意外震動，或工件撓曲形成材料應變所形成。
3. P輪廓（結構參數）（Primary Profile）：由機器或工件的撓曲或導軌誤差所引起。

(二) 圖形參數（Motif Parameter）相關參數有：

  1. 粗糙度圖形參數（R輪廓）。

  2. 波紋圖形參數（W輪廓）。

四、 常用輪廓參數及特徵

(一) 輪廓的最大高度（Maximum Height of Profile）：Rz、Wz、Pz。

(二) 輪廓的算術平均偏差（Arithmetical Mean Deviation of the Assessed Profile）：Ra、Wa、Pa。

五、 表面織構標註要求事項資訊

(一) 標註三項表面輪廓（R、W、P）中的一項。

(二) 標註任一種表面織構特徵。

(三) 評估長度為取樣長度之多少倍數。【預設值為5倍】

(四) 應說明所標註的限界規格（16%規則或最大規則max）。【預設值為16%規則】

六、 表面織構標註要求事項資訊說明，如圖9-9所示

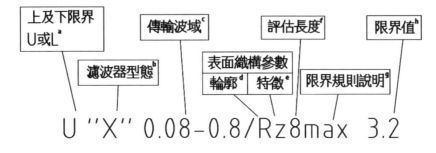

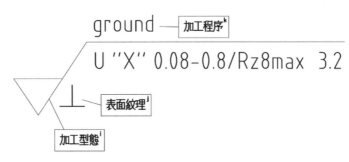

圖9-9　表面織構標註要求事項資訊

(一) 上（U）下（L）限界之標註。

(二) 濾波器型態「X」，標準濾波器是Gaussian濾波器。

(三) 傳輸波域可以標註成短波濾波器或長波濾波器，單位為mm。

(四) 輪廓（R、W或P）。

(五) 特徵／參數，如a、z、c、t、p、v……等。

(六) 評估長度為多少倍取樣長度或取樣長度；單位為mm。

(七) 限界規則說明。

(八) 限界值；單位為μm，如圖為3.2μm。

(九) 加工型態。

(十) 表面紋理。

(十一) 加工方法。

七、 表面織構符號的完整符號之組成，如圖9-10所示

(一) 位置a：單一項表面織構要求。

(二) 位置b：對2個或更多表面織構之要求事項。

(三) 位置c：加工方法。

(四) 位置d：表面紋理及方向。

(五) 位置e：加工裕度，單位為mm。

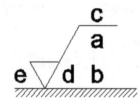

a：單一表面機構要求
b：對2個或更多表面機構之要求事項
c：加工方法
d：紋理及方向
e：加工裕度

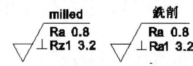

圖9-10　表面織構符號的完整符號之組成

八、 表面織構符號特別說明

(一) 為確保對表面織構之要求，可能必須加註表面織構參數及數值兩項，以及增加特別要求事項，例如：傳輸波域、取樣長度、加工方法、表面紋理、方向及加工裕度等。

(二) 為使表面要求事項能確保其表面織構之功能，宜建立許多不同之表面織構參數需求。

九、表面織構符號要求事項書寫位置要項

(一) 位置a單一項表面織構要求：

1. 標出表面織構參數代號，傳輸波域／取樣長度（單位mm）及限界數值，
2. 為避免誤解，應該在參數代號及限界數值之間空兩格。
3. 通常，此位置用一組字串表示，傳輸波域及取樣長度後面應該緊接著斜線（／），接著為表面織構參數代號及特徵，最後為限界數值。
4. 例：$0.0025-0.8/Rz\ 6.3$（標註傳輸波域0.0025-0.8）

(二) 位置b對二個或更多表面織構之要求事項：

1. 第1個表面織構要求事項加註在位置「a」。
2. 第2個表面織構要求事項加註在位置「b」。
3. 若有第3個或更多表面織構要求事項要加註，為有足夠空間放置多條線，在符號的垂直方向必須加長。
4. 當圖形加長時，「a」、「b」位置須上移。

(三) 位置c加工方法：

1. 對於指定表面之加工方法、處理、被覆或加工方法之要求事項等的加註。例如：車削、研磨等。
2. 加工方法及相關資訊之標註，可利用中文或英文標註。

(四) 位置d表面紋理及方向：

1. 表面紋理及方向之符號的加註，如圖9-11表面紋理的標註。

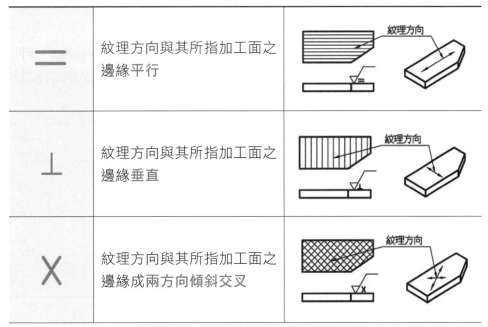

=	紋理方向與其所指加工面之邊緣平行	
⊥	紋理方向與其所指加工面之邊緣垂直	
X	紋理方向與其所指加工面之邊緣成**兩方向**傾斜交叉	

M	紋理呈多方向交叉或無一定方向	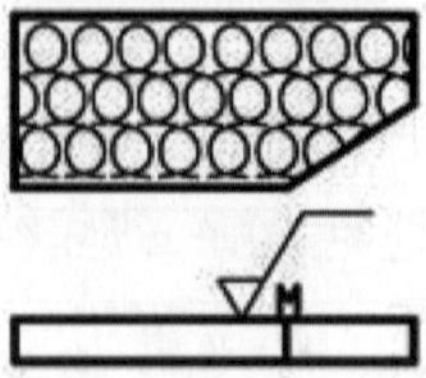
C	紋理呈同心圓狀	
R	紋理呈放射狀	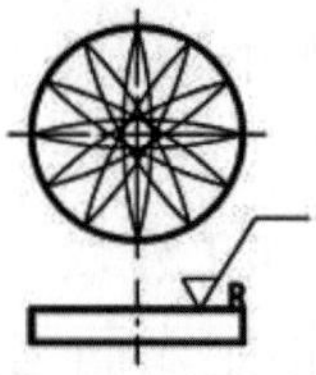
P	紋理呈凸起之細粒狀	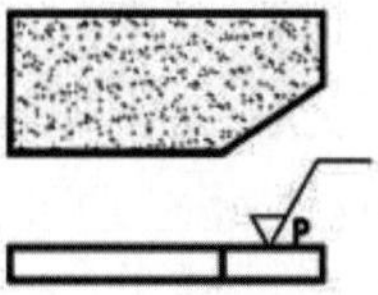

圖9-11　表面紋理的標註

2. 從加工方法所產生的表面紋理及方向（例如刀具遺留的紋路）可以用符號在圖面上標註，如圖9-12中的範例。以特定符號標註表面紋理，這符號並不適用在文字中之標註。

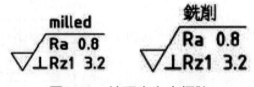

圖9-12　紋理方向之標註

(五) 位置e加工裕度：

1. 加工裕度的加註，單位為mm，表示工件大約切除厚度。

2. 加工裕度通常僅標註在多重加工階段。用加工裕度標註是不適用在文字中。

3. 當標註加工裕度時，僅需將所要求的裕度值加註在符號上。加工裕度也可以與表面織構要求項目連接在一起標註，如圖9-13所示。

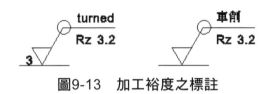

圖9-13　加工裕度之標註

十、 表面織構標註範例

範例	符號	意義
1	$\sqrt{}$ Rz 0.4	不得去除材料，單邊上限界規格，預設傳輸波域，R輪廓，表面粗糙度最大高度0.4μm，評估長度為5倍取樣長度（預設值），「16%-規則」（預設值）。
2	$\sqrt{}$ 0.008-0.8/Ra 3.2	必須去除材料，單邊上限界規格，傳輸波域0.008-0.8mm，R輪廓，表面粗糙度算術平均偏差3.2μm，評估長度為5倍取樣長度（預設值），「16%-規則」（預設值）。

牛刀小試

(　　) 1 表面織構符號 $\overset{銑削}{\underset{0.5\nabla\ X}{\sqrt{L"X"0.8\text{-}4/Rz8max\ 1.6}}}$ ，下列敘述何者正確？　(A)紋理呈多方向交叉或無一定方向　(B)R輪廓算數平均值為8　(C)R輪廓算數平均值在0.8-4之間　(D)評估長度為取樣長度的8倍。　　　　　　　　　　　　　　　　　　　【105統測】

(　　) **2** 表面織構符號 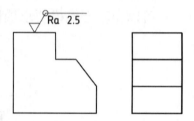 的要求項目，下列選項何者正確？　(A)表面粗糙度之要求為兩個單邊上限界值　(B)R輪廓表面粗糙度算術平均偏差之上限界為3.2μm　(C)表面粗糙度限界值均採用16%規則　(D)必須去除材料。　　　　【107統測】

(　　) **3** 如圖所示的工件，有相同表面織構要求的平面共有幾個？　(A)1　(B)4 (C)7　(D)9。　　　　【108統測】

(　　) **4** 如圖所示的軸件公差標註，其軸實際直徑為19.980mm，根據最大實體原理，則允許的中心軸線真直度公差為多少mm？

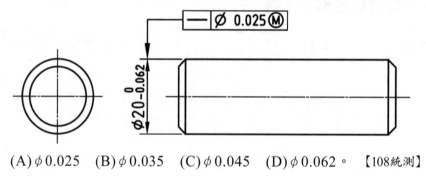

(A)ϕ0.025　(B)ϕ0.035　(C)ϕ0.045　(D)ϕ0.062。　【108統測】

───── 解答與解析 ─────

1 (D)。(A)紋理呈二方向為交叉。(B)R輪廓表面粗糙度最大高度1.6μm。(C)傳輸波域0.8-4mm之間。

2 (B)。(A)表面粗糙度之要求為兩個雙邊上、下限界值。(C)表面粗糙度下限界值採用16%規則。(D)不得去除材料符號。

3 (C)。在圖完整符號中加上一圓圈，表示所有表面有相同織構，因此此圖有相同表面織構要求的平面共有7個。

4 (C)。最大材料（實體）狀況孔為其下限尺度，軸為其上限尺度。此題軸上限尺度20，根據最大實體原理，則允許的中心軸線真直度公差值＝20－19.980＋0.025＝0.045（mm）。

9-7 │螺紋表示法

一、外螺紋

(一) 在前視圖中，螺紋大徑、去角部分及完全螺紋範圍線均用粗實線表示，螺紋小徑用細實線表示，不完全螺紋部分可省略之。

(二) 剖視圖中，剖面線應畫到螺紋大徑（粗實線處）。

(三) 在端視圖中，螺紋大徑之圓用粗實線表示，螺紋小徑之圓則用細實線表示，但須留缺口約四分之一圓。此四分之一圓缺口可以在任何方位，一端稍許超出中心線，另一端則稍許離開中心線。如有去角，不畫去角圓，而缺口圓依舊，如圖9-14所示。

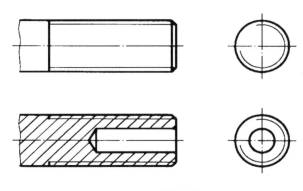

圖9-14 外螺紋

二、內螺紋

(一) 在前視剖視圖中，螺紋小徑及螺紋範圍線均用粗實線表示，螺紋大徑則用細實線表示。

(二) 剖面線應畫到螺紋小徑（粗實線處）。

(三) 在端視圖中，螺紋小徑之圓用粗實線表示，螺紋大徑之圓則用細實線表示，但須留缺口約四分之一圓。此四分之一圓缺口可以在任何方位，一端稍許超出中心線，另一端則稍許離開中心線，如圖9-15所示。

(四) 必要時可在螺孔口加繪去角，如圖9-16所示。

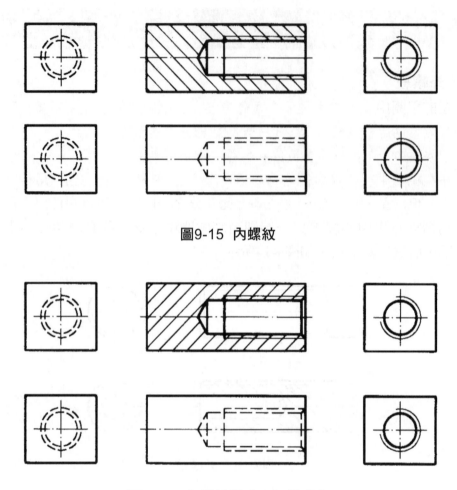

圖9-15　內螺紋

圖9-16　　內螺紋螺孔口加繪去角

三、 內外螺紋組合

在組合剖視圖中，內螺紋之含有螺釘（外螺紋）部分其剖面線只畫到螺釘
（外螺紋）大徑（粗實線處）為止，如圖9-17所示。

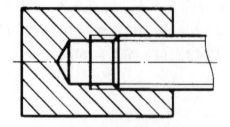

圖9-17　內外螺紋組合

9-8 基本工作圖繪製

一、基本工作圖

(一) 工作圖主要由零件圖及組合圖所組成。

(二) 工作圖包含各零件之形狀、尺度、加工、檢驗等資料，同時須表達各零件組合裝配相關位置。

(三) 工程圖可作為設計意念的表達方式，更是設計與製造溝通的橋樑。

二、零件圖繪製要點

(一) 按相關的裝配位置排列。

(二) 按加工方法及材料相同者放在同一張圖紙中。

(三) 一張圖畫一個零件為宜。

(四) 利用多視圖、局部視圖、剖面視圖、輔助視圖等，充分表達。

(五) 精確地標註出零件各部的尺度和位置、配合公差等資料。

(六) 依需求填入表面粗糙度、尺度公差、幾何公差、材料及熱處理等資料。

(七) 完整之標題欄及零件表。

(八) 最後校核全圖。

三、組合圖繪製要點

(一) 完整表達物件相關位置圖形。

(二) 完整表達物件特性、參數、型號及規格等。

(三) 不需完整表達物件所有細節。

(四) 盡量不畫出內部結構。

(五) 盡量不畫出內隱藏線。

(六) 同一零件的件號在零件圖、組合圖與零件表中應保持一致。

(七) 完整之標題欄及零件表。

(八) 最後校核全圖。

考前實戰演練

(　)　**1** 二機件的配合尺度如標註為 ϕ 57H7/m6時，下列敘述何者<u>不正確</u>？　(A)是基孔制配合　(B)是過渡配合　(C)孔件的公差是7級，軸件的公差是6級　(D)是基軸制配合，且是干涉配合。

(　)　**2** 下列敘述何者正確？　(A) ϕ 8H7和 ϕ 8h7所指意義相同　(B) ϕ 20H7孔的7級公差為0.021，則孔徑19.98已在範圍內　(C)干涉是指軸徑大於孔徑　(D)公差愈小，代表精度愈差，生產成本可以降低。

(　)　**3** 有關公差配合，下列敘述何者<u>不正確</u>？　(A)CNS中標準公差等級愈大，公差值愈小　(B)干涉配合中軸件尺度大於孔件尺度　(C)一軸件與數孔件配合宜使用基軸制　(D)IT5～IT10常用於一般機件配合公差。

(　)　**4** $\sqrt{\begin{array}{l}\text{U Ramax 3.2}\\\text{L Ra 0.8}\end{array}}$ 表面織構符號，下列敘述何者<u>不正確</u>？　(A)不得去除材料　(B)單邊上限界規格　(C)兩限界傳輸波域均為預設值，R輪廓　(D)上限界表面粗糙度算術平均偏差3.2μm，下限界算術平均偏差0.8μm。

(　)　**5** 已知孔的尺度為 ϕ 300±0.016，軸的尺度為 ϕ 300±0.026，關於兩者的配合情況，下列敘述何者正確？　(A)最大餘隙量為0.052mm　(B)最大干涉量（或過盈量）為0.042mm　(C)最小餘隙量為0.032mm　(D)最小干涉量（或過盈量）為0.020mm。

(　)　**6** 下列何種公差方框為正確寫法？　(A)| ϕ0.1 | ⊥ | A |　(B)| A | ϕ0.1 | ⊥ |　(C)| ⊥ | ϕ0.1 | A |　(D)| A | ϕ0.1 | B |

(　)　**7** 將單一機件之形狀大小繪出並提供尺度、表面粗糙度、公差、材質等之圖面稱為？　(A)零件詳圖　(B)組合圖　(C)加工程序圖　(D)表圖。

(　　)　**8** 工作圖中之零件圖<u>不包含</u>的項目？　(A)每部分形狀之全圖　(B)每部分之數字尺度　(C)說明性之註解置於各圖上，以規定材料、熱處理、加工等　(D)各機件之相關位置。

(　　)　**9** 以車床加工之工作物，其工作圖應以何種方向繪之？　(A)垂直　(B)水平　(C)傾斜　(D)任意。

(　　)　**10** 加工表面織構符號中，加工裕度及取樣基準長度的加註（若有需要）的單位是？　(A)nm　(B)mm　(C)cm　(D)μm。

(　　)　**11** 表面織構參數（Surface Texture Parameter）輪廓參數（Profile Parameter）中「波紋參數」為？　(A)R輪廓　(B)W輪廓　(C)P輪廓　(D)F輪廓。

(　　)　**12** 依據我國標準公差分級，在同一公稱尺度時，下列哪一等級的公差最小？　(A)00級　(B)0級　(C)01級　(D)18級。

(　　)　**13** 公差等級中IT5～IT10一般適用於？　(A)精密量規製造　(B)機件之配合　(C)拉製工件之製造公差　(D)以上皆非。

(　　)　**14** 在一視圖中，如果物體的長度標註成25±0.05，則±0.05是該尺度的？　(A)裕度　(B)限界　(C)公差　(D)間隙。

(　　)　**15** 餘隙配合時，孔最小限界尺度與軸最大限界尺度之差為？　(A)最小干涉　(B)最大干涉　(C)最小餘隙　(D)最大餘隙。

(　　)　**16** 使用同心度公差，同時亦限定了其真直度與？　(A)對稱度公差　(B)圓柱度公差　(C)真平度公差　(D)正位度公差。

(　　)　**17** 關於組合圖，下列敘述何者正確？　(A)零件之件號線用粗實線　(B)件號線由該零件輪廓線上引出來　(C)件號線引出處須在該零件內加一三角形　(D)件號線引出另端加寫件號數字。

(　　)　**18** 若尺度標註為ϕ30h7，下列敘述何者<u>不正確</u>？　(A)它是軸的公差　(B)它的公差比ϕ30h8的公差為大　(C)它的公差比ϕ20h7的公差為大　(D)它所表示的直徑將是小於或等於30。

(　　) **19** 下列有關公差與配合之敘述，何者<u>不正確</u>？　(A)40H7中之H代表公差等級　(B)一般機件之配合公差範圍為IT5～IT10　(C)孔之最大尺度小於軸之最小尺度為緊配合（tight fit）　(D)幾何公差是指工件幾何狀態之誤差量。　　　　　　　　　　　　　　【99統測】

(　　) **20** 下列有關基孔制之配合，何者為過渡配合？　(A)H5/g4　(B)H6/f6　(C)H7/x6　(D)H8/h7。　　　　　　　　　　　　　　【99統測】

(　　) **21** 鉗工實習工作圖標示 //｜0.2｜B，下列敘述何者最接近標註要求？　(A)於B面須加畫平行線，各平行線間相距0.2mm　(B)於標註處及B面均須加畫平行線，各平行線間相距0.2cm　(C)以B面為標準面，兩面間之平行度公差須於0.2mm以內　(D)以B面為標準面，兩面間之平行度須大於0.2mm以上。　　　　　　　　【99統測】

(　　) **22** 交付工廠後的工作圖，若圖面需要進行設計變更時，下列何者之處理方式<u>不正確</u>？　(A)將原尺度數字擦除，並直接標註新尺度　(B)在新尺度數字旁加註正三角形的更改記號及號碼　(C)在圖面上建立更改欄，並記錄更改內容　(D)若更改的尺度太多或範圍甚廣時，可將原圖作廢，另繪新圖。　　　　　　　　【100統測】

(　　) **23** 一般機械零件的配合，其常用的公差等級為？　(A)IT01～IT4　(B)IT5～IT10　(C)IT11～IT14　(D)IT15～IT18。　　　　　【100統測】

(　　) **24** 有一批孔與軸配合之組合機件，經檢測其孔徑在25.012mm至25.033mm之間，軸徑則在24.987mm至25.021mm之間，當軸與孔組裝配合以後，所可能產生之最大間隙為mm？　(A)0.009　(B)0.012　(C)0.025　(D)0.046。　　　　　　　　　　　【100統測】

(　　) **25** 有關公差與工件配合的敘述，下列何者<u>不正確</u>？　(A)公差符號由基本尺度、公差位置及公差等級三部分組成　(B)軸徑為20.08mm，孔徑為19.92mm，這種配合稱為干涉配合（interference fit）　(C)若軸的尺度為ϕ35 h7，則其最小軸徑為35.00mm　(D)工件的基本尺度為28mm，若最大尺度為28.04mm，最小尺度為27.98mm，則其公差稱為雙向公差。　　　　　　　　　【100統測】

(　) **26** 在表面符號中，若指定切削加工表面的刀痕方向成同心圓狀，應以下列何種符號表示？ (A)M　(B)P　(C)R　(D)C。【100統測】

(　) **27** 繪製工程組合圖時，在不影響讀圖的情形下，下列何種線條通常可以省略不畫？ (A)尺度線　(B)實線　(C)虛線　(D)剖面線。【101統測】

(　) **28** 已知一配合件，孔之尺度為 $\phi 200 \begin{array}{l} +0.03 \\ -0.06 \end{array}$ mm，軸之尺度為 $\phi 200 \begin{array}{l} +0.06 \\ -0.03 \end{array}$ mm，則當孔與軸配合時，其最大干涉量為何？ (A)0.12mm　(B)0.09mm　(C)0.06mm　(D)0.03mm。【101統測】

(　) **29** 有關零件表的規範，下列敘述何者正確？ (A)加在標題欄上方的零件表，其填寫次序是由上而下　(B)零件表之件數欄是指該零件號碼　(C)圖號是零件表的項目之一　(D)零件表可另用單頁書寫。【102統測】

(　) **30** 有一圓軸之直徑為 $10 \begin{array}{l} 0 \\ -0.009 \end{array}$ mm，若該圓軸與一孔為留隙（餘隙）配合，則組合圖上圓軸與孔之尺度標註，下列何者正確？ (A)ϕ10G7/h6　(B)ϕ10P7/h6　(C)ϕ10H6/g7　(D)ϕ10H6/p7。【102統測】

(　) **31** 下列何者屬於餘隙配合（clearance fit）？ (A)ϕ30H8／f7　(B)ϕ30H8／s7　(C)ϕ30H8／t7　(D)ϕ30H8／p7。【104統測】

(　) **32** ϕ40G7／h6之孔與軸配合，下列敘述何者正確？ (A)基孔制　(B)基軸制　(C)過渡配合　(D)干涉配合。【104統測】

(　) **33** 如圖所示之表面織構符號，其中b之要求事項為何？

(A)單一項表面織構要求　(B)對兩個或更多表面織構之要求事項　(C)加工方法　(D)表面紋理及方向。【104統測】

(　) **34** 表面織構符號以文字表示為NMR鍍鉻Rz 0.8，其中NMR所代表的意義為何？ (A)允許任何加工方法　(B)不得使用加工方法　(C)必須去除材料　(D)不得去除材料。【104統測】

(　　) **35** 當一張圖紙中只繪製一個零件時，公用表面織構符號的位置應標註在圖中何處？　(A)該零件件號之右側　(B)該零件圖之正下方　(C)該零件圖之正上方　(D)該零件圖之標題欄旁。　【104統測】

(　　) **36** 有關公差術語與定義，下列敘述何者正確？　(A)限界尺度：尺度型態可允許的限界值，為滿足要求的實際尺度，必須在上下限界尺度之間　(B)實際尺度：由工程製圖技術規範所定義之理想形態的尺度，亦為設計時最初尺度　(C)標稱尺度：實體特徵實際量測所得的尺度　(D)公差：上限界尺度與下限界尺度之差，可為正負值。　【105統測】

(　　) **37** 有關公差與表面粗糙度，下列敘述何者正確？
(A)圓桿的直徑誤差與真圓度為尺寸公差
(B)國際公差等級IT01至IT18分為18等級
(C)ϕ36H5/g5是為孔與軸的餘隙配合
(D)表面粗糙度的取樣長度，預設值為0.6mm。　【105統測】

(　　) **38** 表面織構符號 $0.5\sqrt{X}$ 銑削 $\overline{}$ L"X"0.8-4/Rz8max 1.6，下列敘述何者正確？
(A)紋理呈多方向交叉或無一定方向
(B)R輪廓算數平均值為8
(C)R輪廓算術平均值在0.8－4之間
(D)評估長度為取樣長度的8倍。　【105統測】

(　　) **39** 下列敘述何者正確？　(A)在組合圖中，標準零件不需畫出，僅需將其名稱、規格、數量等填寫在零件表中即可　(B)位於標題欄上方的零件表，其件號的填寫順序是由上而下，由小到大依序編號　(C)組合圖是用來描述裝配完成的機器或結構的圖面，能明確的表示各零件間的關係位置　(D)組合圖的主要用途是要表現各零件的形狀和大小，而不是要表達各零件間的結合情形。　【106統測】

(　　) **40** 若孔之標稱尺度為35mm，上限界尺度為35.007mm，公差為0.025mm，則下限界尺度為多少mm？
(A)34.975　　　　　　(B)34.982
(C)35.000　　　　　　(D)35.032。　【106統測】

( ) **41** 有關尺寸公差之敘述，下列何者<u>不正確</u>？

(A)尺寸公差為上限界尺度（上限尺寸）與下限界尺度（下限尺寸）之差，且其數值一定為正值

(B)ϕ10H7代表基本尺度（基本尺寸）為10mm的孔，公差等級為IT7級，且其上限界偏差（上偏差）為零

(C)CNS參照ISO公差制度定基本尺度（基本尺寸）500mm以下的公差級別，表列定共20級

(D)尺寸公差為上限界偏差（上偏差）與下限界偏差（下偏差）之差，且上限界偏差（上偏差）一定大於下限界偏差（下偏差）。 【106統測】

( ) **42** 下列有關工程圖的敘述，何者<u>不正確</u>？ (A)學習工程圖的目的為製圖與識圖 (B)製圖標準規範是工程圖的繪製準則 (C)工作圖是為了說明機械或產品的構造、裝配及操作保養等目的所使用之圖面 (D)零件圖是描述零件的詳細形狀、尺度、配合狀況等，以供零件製造所需之圖面。 【107統測】

( ) **43** 若一工件的標稱尺度為80mm，則採用下列何種CNS標準公差等級，其公差最小？

(A)IT 01   (B)IT 0

(C)IT 1   (D)IT 10。 【107統測】

( ) **44** 表面織構符號 $\sqrt{\begin{smallmatrix} U\ Ramax\ 3.2 \\ L\ Ra\ 0.8 \end{smallmatrix}}$ 的要求項目，下列選項何者正確？

(A)表面粗糙度之要求為兩個單邊上限界值

(B)R輪廓表面粗糙度算術平均偏差之上限界為3.2μm

(C)表面粗糙度限界值均採用16%規則

(D)必須去除材料。 【107統測】

( ) **45** 某公司生產二類機件，甲類：不需配合機件之公差；乙類：精密規具之公差；配合二種不同公差等級：第一級：IT01～IT4；第二級：IT5～IT10，下列何種選用方式較適合？

(A)甲類：第一級   (B)乙類：第一級

(C)甲類：第二級   (D)乙類：第二級。 【108統測】

(　　) **46** 如圖所示的工件，有相
同表面織構要求的平面
共有幾個？
(A)1
(B)4
(C)7
(D)9。　　　【108統測】

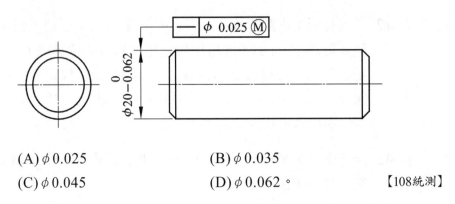

(　　) **47** 如圖所示的軸件公差標註，其軸實際直徑為19.980mm，根據最大
實體原理，則允許的中心軸線真直度公差為多少mm？

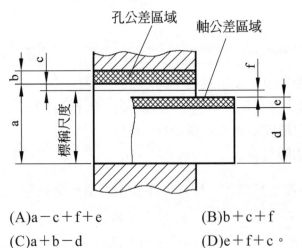

(A)ϕ0.025
(B)ϕ0.035
(C)ϕ0.045
(D)ϕ0.062。　　　【108統測】

(　　) **48** 某一軸孔配合如圖所示，下列何者為該配合之最大間隙？

孔公差區域　　軸公差區域

(A)a－c＋f＋e
(B)b＋c＋f
(C)a＋b－d
(D)e＋f＋c。　　　【108統測】

（　　）**49** 工程圖可依照內容或用途進行分類，下列工程圖種類，何者正確？

(A)平面管路圖　　　　　　　　(B)立體系統圖

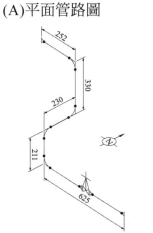
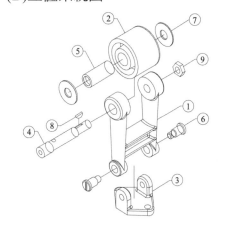

(C)局部縮小圖　　　　　　　　(D)立體零件圖

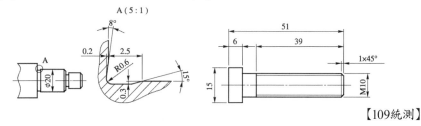

【109統測】

（　　）**50** 有關工作圖之分類及敘述，下列何者正確？　(A)零件圖主要之用途乃將齒輪、螺栓、螺帽、鍵、銷、軸承等標準零件之形狀、尺度及結構做完整且正確描述之圖面　(B)件號是指每一張繪製完成之工作圖所屬的編號，以便於歸檔及索引查詢　(C)組合圖乃描述整體機械的組合狀態，複雜機械的組合圖須繪製詳細的形狀、尺度與公差　(D)部分組合圖用以描述複雜機械中的某一部分構造之組裝或組合。　　　　　　　　　　　　　　【109統測】

（　　）**51** 軸孔配合之標註為$\phi 32H7/s6$，判斷下列何者正確？（單位：mm）？　(A)孔的下限界偏差為＋0.025　(B)軸的上限界偏差為－0.018　(C)軸孔配合的最小間隙為＋0.043　(D)軸孔配合的最大干涉為－0.059。　　　　　　　　　【109統測】

(　) **52** 如圖所示之幾何公差標註，下列說明何者正確？

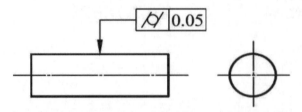

(A)該圓柱之表面須介於兩個同心軸線而相距0.05mm之圓柱面之間

(B)該圓柱體表面上任一直線須位於相距0.05mm兩平行直線之間

(C)任一與軸線垂直之斷面上，其周圍須介於兩個同心而相距0.05mm的圓之間

(D)該圓柱體軸線須位於直徑為0.05mm之圓柱區域內。【109統測】

(　) **53** 下列幾何公差符號中，何者屬於定位公差符號？

(A)圓柱度 　　　　　　(B)同心度

(C)垂直度 　　　　　　(D)曲面輪廓度 　　。　【110統測】

(　) **54** 關於公差與配合，下列何者正確？　(A)國際標準組織將公差分為20個等級，其中IT 5～IT 10為規具公差　(B)大寫字母代表軸偏差，A～G代表正偏差　(C)過盈配合即孔的尺寸大於軸的尺寸，需加壓才能配合　(D)圓棒的圖面標註中，其真圓度為幾何公差，內徑及外徑為尺寸公差。【110統測】

(　) **55** 表面織構符號以文字表示為MRR Rz 1.6，則以圖面上之標註方式何者正確？　(A) $\sqrt{}$ Rz 1.6　(B) $\sqrt{}$ Rz 1.6　(C) $\sqrt{}$ Rz 1.6 (D) $\sqrt{}$ Rz 1.6。　【110統測】

(　) **56** 在表面織構符號中，試問下列哪一組表面紋理方向與工件外形輪廓完全有關？

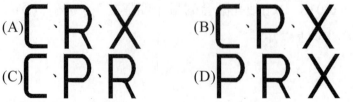

(A) C、R、X　　(B) C、P、X

(C) C、P、R　　(D) P、R、X　　【111統測】

(　　) **57** 關於配合件的敘述，下列何者正確？　(A)∅ 88 H7 k6為基軸制干
涉配合　(B)∅ 111 F8 h7為基孔制餘隙配合　(C)若有一配合件，其
孔的尺度偏差上限界偏差為+35、下限界偏差為0，軸的尺度偏差
上限界偏差為+25、下限界偏差為+3，則最大干涉為32，最小間隙
25，容差為7　(D)若有一配合件，其孔的尺度偏差上限界偏差為
+54、下限界偏差為0，軸的尺度偏差上限界偏差為0、下限界偏差
為-35，最大間隙為89，最小間隙為0，容差為0。　　　　【111統測】

(　　) **58** 如圖所示為對稱式圓桿夾具組件，圓形底板左右對稱，兩側皆可
獨立安裝組件，本夾具利用凸輪偏心板手上下扳動，帶動壓板上
下移動，達到快速夾持圓桿，若單側裝配該夾具組件（上圖為俯
視示意圖，下圖為前視剖面示意圖），使其能正常夾持動作，試
問最少零件數目需幾個？

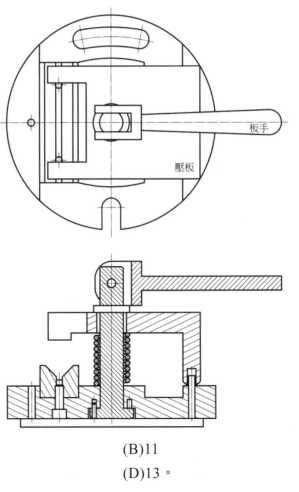

(A)10　　　　　　　　　　　　(B)11
(C)12　　　　　　　　　　　　(D)13。　　　　　　　【111統測】

( ) **59** 關於最大實體的敘述，下列何者正確？ (A)最大實體狀況原理只能用在餘隙配合情況 (B)最大實體尺度是指孔和軸的上限界尺度 (C)最大實體尺度在圖面的標註符號應為Ⓜ (D)最大實體狀況原理無法用在零件導出型態。 【111統測】

( ) **60** 管制階級桿全部中心軸線的真直度，使其公差區域須限制在直徑 Ø0.03的圓柱體內，下列何者為正確之幾何公差標註？

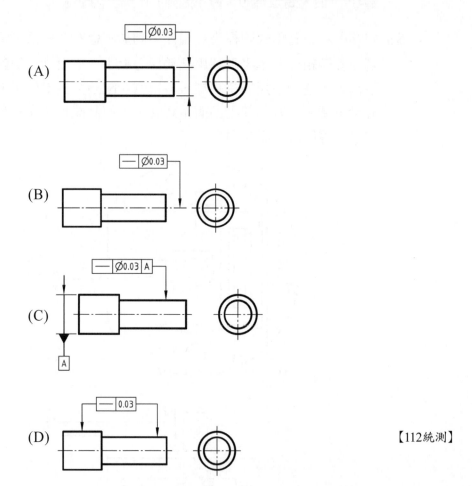

【112統測】

(　)　**1** 下列有關工程圖的敘述，何者<u>不正確</u>？

(A)學習工程圖的目的為製圖與識圖

(B)製圖標準規範是工程圖的繪製準則

(C)工作圖是為了說明機械或產品的構造、裝配及操作保養等目的所使用之圖面

(D)零件圖是描述零件的詳細形狀、尺度、配合狀況等，以供零件製造所需之圖面。

(　)　**2** 實物長度為20mm，若圖面上以100mm的長度繪製，則其比例為何？

(A)1：2　　　　　　　　　(B)1：5

(C)2：1　　　　　　　　　(D)5：1。

(　)　**3** 繪圖時以中心線表示機件的對稱中心、圓柱中心、孔的中心等，一般使用何種線條繪製？

(A)細鏈線　　　　　　　　(B)細實線

(C)粗實線　　　　　　　　(D)虛線。

(　)　**4** 有關圓之內接正六邊形的邊長與圓之半徑的關係，下列敘述何者正確？

(A)邊長等於半徑乘以0.75　(B)邊長等於半徑

(C)邊長等於半徑的一半　　(D)邊長等於半徑的2倍。

(　)　**5** 當兩圓相切時，通過切點之公切線與連心線的夾角為幾度？

(A)30　　　　　　　　　　(B)60

(C)90　　　　　　　　　　(D)120。

(　)　**6** 徒手畫時應使用何種軟硬等級（由硬到軟）的鉛筆較適宜？

(A)9H到6H　　　　　　　(B)H到B

(C)5H到2H　　　　　　　(D)3B到6B。

(　　) **7** 圖(一)所示為一物體依第三角法繪製之前
視圖及俯視圖，下列何者為其正確的左
側視圖？

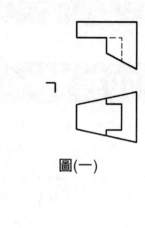

圖(一)

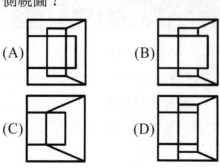

(A)　　　　　　　(B)

(C)　　　　　　　(D)

(　　) **8** 關於正投影的敘述，下列何者正確？

(A)當一直線平行於一主要投影面且傾斜於另外兩個主要投影
面，則該直線稱為正垂線

(B)正垂面在與其垂直的投影面上之投影視圖，稱為該正垂面之
正垂視圖

(C)一段單斜線可在三個主要投影面中的其中一個投影面上顯示
其實際長度

(D)當一平面傾斜於兩個主要投影面時，則該平面稱為複斜面。

(　　) **9** 圖(二)所示為三角平面abc的直立投
影（V）及側投影（P），下列何者
為其正確的水平投影（H）？

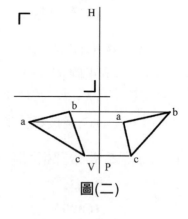

圖(二)

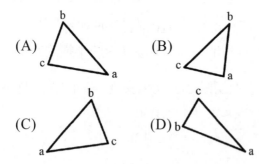

(A)　　　　　　　(B)

(C)　　　　　　　(D)

(　　) **10** 根據CNS工程製圖規範，下列各圖的尺度標註，何者正確？

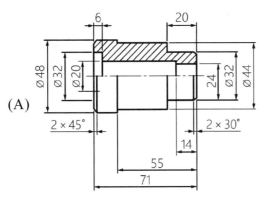

(A)

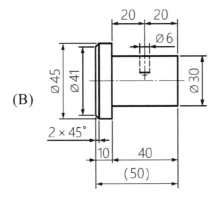

(B)

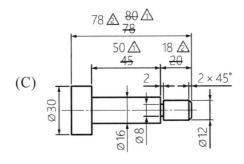

(C)

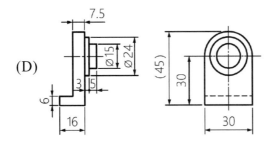

(D)

( ) **11** 有關尺度標註的敘述，下列何者正確？

(A)錐度標註時，錐度符號之尖端應指向左方

(B)板厚標註時，板厚符號以大寫拉丁字母「T」表示

(C)機件之圓柱或圓孔端面去角，若去角長度為2mm，去角角度為30°時，則標註為2×30°

(D)球面標註時，當球面形狀未達一半時，通常標註其球面半徑尺度，並加註「SR」符號於尺度數字前面。

( ) **12** 有關剖視圖的畫法，下列何者正確？

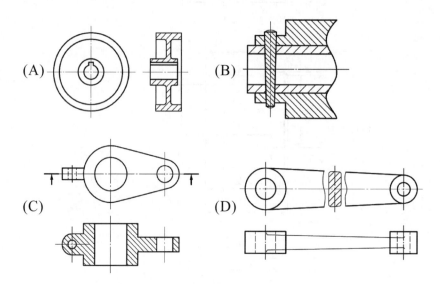

( ) **13** 表面織構符號 $\sqrt{\begin{array}{ll} \text{URamax} & 3.2 \\ \text{L Ra} & 0.8 \end{array}}$ 的要求項目，下列選項何者正確？

(A)表面粗糙度之要求為兩個單邊上限界值

(B)R輪廓表面粗糙度算術平均偏差之上限界為3.2μm

(C)表面粗糙度限界值均採用16％規則

(D)必須去除材料。

108年 │ 統測試題

( ) **1** 有關工程用圖紙的敘述，下列何者正確？
(A)A0圖紙如須裝訂成冊，則裝訂邊離圖紙左側10mm
(B)A1圖紙可裁剪成5張之A3圖紙
(C)描圖紙厚薄之規格單位為：g/mm
(D)A規格圖紙長邊為b、短邊為a，其關係為b＝a$\sqrt{2}$。

( ) **2** 有關製圖設備的敘述，下列何者<u>不正確</u>？
(A)普通圓規常用於繪製半徑25～120mm之圓或圓弧
(B)鉛筆筆心硬度由大至小次序為2H、H、F、HB
(C)分規結構類似於圓規，其主要用途為畫圓與圓弧
(D)15度線可使用一組三角板配合丁字尺繪製而獲得。

( ) **3** 有關工程圖之線條交接繪製方式，下列何者正確？

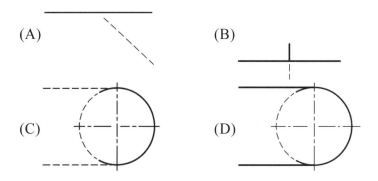

( ) **4** 圓錐體工件之長度為120mm、大端直徑60mm、小端直徑40mm，
下列何者為正確錐度？ (A)1：8 (B)1：6 (C)1：5 (D)1：4。

( ) **5** 有關徒手畫的敘述，下列何者正確？
(A)徒手畫等角圖，先由等角軸線開始繪製
(B)在製造業應用最廣泛之徒手畫立體圖為二等角圖
(C)徒手繪製圖形與文字時，宜用2B或3B級鉛筆
(D)徒手繪製水平與垂直線條時，眼睛應看線之起點。

( ) **6** 如圖所示一物體的前視圖和俯視圖（第三角投影法），下列何者
為正確的右側視圖？

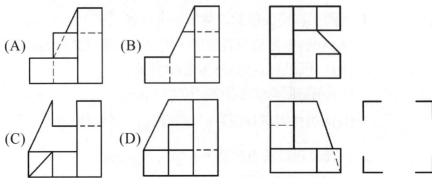

(A) (B)

(C) (D)

( ) **7** 如圖所示的工件，有相同表面織
構要求的平面共有幾個？
(A)1
(B)4
(C)7
(D)9。

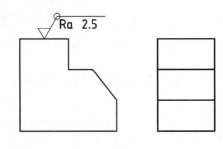

( ) **8** 有關剖面視圖的敘述，下列何者正確？
(A)一個物體以一個切割面為原則，不可同時進行多個剖面產生
多個剖視圖
(B)相鄰兩物體，其剖面線的間隔距離可相同，但繪製方向應相
反或不同
(C)移轉剖面又稱旋轉剖面，乃將剖面原地旋轉90°後繪出之剖視圖
(D)全剖面視圖僅可應用於對稱物體，非對稱物體不應使用。

( ) **9** 有關習用畫法的敘述，下列何者正確？
(A)虛擬視圖應使用假想線繪製，並可於虛擬視圖上標註尺度
(B)習用畫法為共同約定的製圖標準，且須完全遵守投影原理
(C)第三角法中，俯視圖採半視圖表示時，若前視圖為非剖面視
圖，則俯視圖應畫後半部
(D)因圓角而消失的稜線為了呈現原有之輪廓，應使用粗實線繪製。

( ) **10** 如圖所示的軸件公差標註，其軸實際直徑為19.980mm，根據最大
實體原理，則允許的中心軸線真直度公差為多少mm？

(A)ϕ0.025

(B)ϕ0.035

(C)ϕ0.045

(D)ϕ0.062。

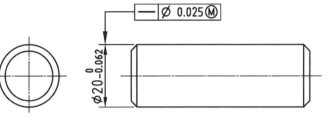

( ) **11** 某一軸孔配合如圖所示，下列何者為該配合之最大間隙？

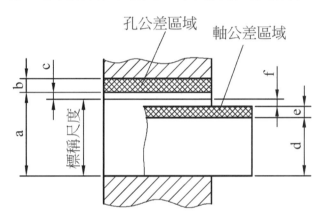

(A)a－c＋f＋e   (B)b＋c＋f

(C)a＋b－d   (D)e＋f＋c。

( ) **12** 如圖為某物體的三視圖（第三角
投影法），則該物體具有幾個
單斜面和複斜面？

(A)一個單斜面和一個複斜面

(B)一個單斜面和二個複斜面

(C)二個單斜面和二個複斜面

(D)二個單斜面和一個複斜面。

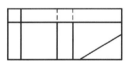

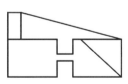

( ) **13** 根據CNS工程製圖規範,下列各圖的尺度標註,何者正確?

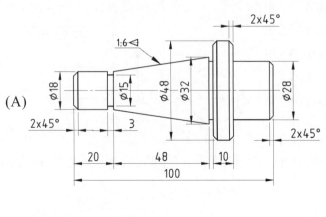

(A)

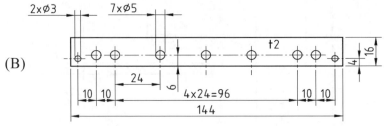

(B)

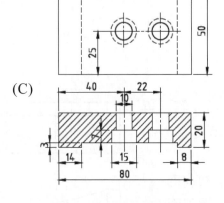

(C)

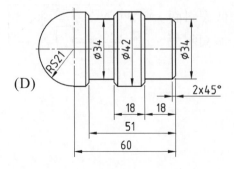

(D)

109年 | 統測試題

( )　**1** 工程圖可依照內容或用途進行分類，下列工程圖種類，何者正確？

(A)平面管路圖　　　　　　　(B)立體系統圖

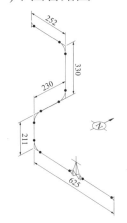 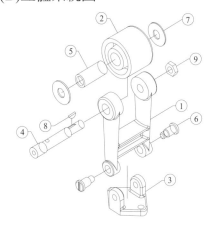

(C)局部縮小圖　　　　　　　(D)立體零件圖

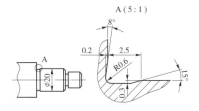 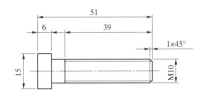

( )　**2** 有關工程圖學的敘述，下列何者正確？　(A)一般圖紙A1規格之紙張面積為$1.5m^2$，而B0規格之紙張面積則為$1m^2$　(B)常用圖紙為普通製圖紙與描圖紙，通常其厚薄區別是以g/cm^2做為定義　(C)用一平面切一直立圓錐，當割面與錐軸之夾角大於素線與錐軸交角，可得拋物線截面　(D)橢圓之焦點是以長軸1/2為半徑，短軸一端為圓心，畫弧與長軸相交點。

( )　**3** 有關工程製圖之用具、線條與字法，下列何者正確？　(A)繪製平行且相鄰甚近的虛線孔，兩虛線短劃間隔宜錯開　(B)製圖鉛筆筆心軟硬不同，其中4H、3H與2H為中級類　(C)工程圖之中文字，其字體筆劃粗細約為字高的1/15　(D)使用一組三角板配合丁字尺可做115度倍數角度。

(　) **4** 有關尺度與尺度符號的敘述，下列何者正確？　(A)繪製尺度界線時，應平行於其所標註之尺度　(B)當球面直徑大小為35，其尺度標註符號為SR35　(C)當斜度為1：30時，其尺度標註符號為 ◁──1：30　(D)指線僅用於註解加工法與註記，不可替代尺度線。

(　) **5** 有關工程圖之徒手畫與正投影，下列何者<u>不正確</u>？　(A)斜投影是將一物體與投影面平行，其投影線互相保持平行，但與投影面傾斜一角度　(B)徒手畫繪製圖形宜用F或H級鉛筆，而書寫文字宜使用HB或H級，其線條粗細須符合CNS製圖標準　(C)等角投影圖與等角圖之形狀相同，但大小不同，其等角圖的大小約為等角投影圖的81%　(D)徒手繪製水平線時，短線用手腕為力矩點畫出，而畫垂直線時是由上而下繪製。

(　) **6** 下列直線之投影，何者為單斜線？

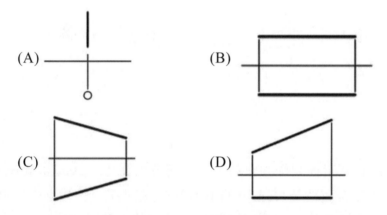

(　) **7** 如圖所示一物體的前視圖和俯視圖（第三角投影法），下列何者為正確的右側視圖？

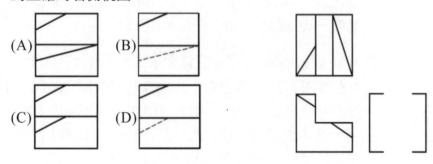

( ) **8** 有關工作圖之分類及敘述，下列何者正確？ (A)零件圖主要之用途乃將齒輪、螺栓、螺帽、鍵、銷、軸承等標準零件之形狀、尺度及結構做完整且正確描述之圖面 (B)件號是指每一張繪製完成之工作圖所屬的編號，以便於歸檔及索引查詢 (C)組合圖乃描述整體機械的組合狀態，複雜機械的組合圖須繪製詳細的形狀、尺度與公差 (D)部分組合圖用以描述複雜機械中的某一部分構造之組裝或組合。

( ) **9** 軸孔配合之標註為ϕ32H7/s6，判斷下列何者正確？（單位：mm）(A)孔的下限界偏差為＋0.025 (B)軸的上限界偏差為－0.018 (C)軸孔配合的最小間隙為＋0.043 (D)軸孔配合的最大干涉為－0.059。

( ) **10** 根據CNS工程製圖規範，下列各圖的尺度標註，何者正確？

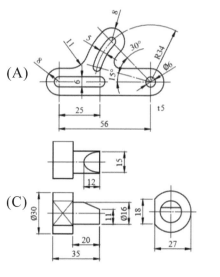
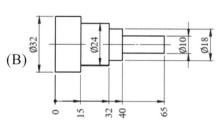
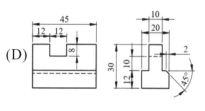
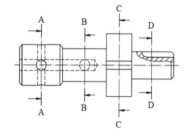
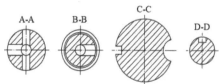

( ) **11** 如圖所示之零件及其四個剖面視圖，哪一個剖視圖正確？
(A)A－A
(B)B－B
(C)C－C
(D)D－D。

(　　) **12** 如圖所示為某零件的俯視圖，下列何者為正確前視圖？

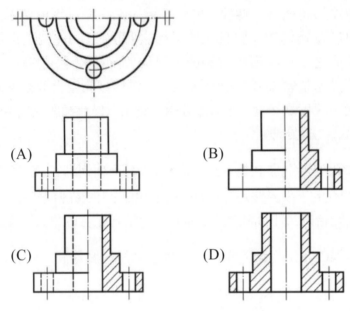

(　　) **13** 如圖所示之幾何公差標註，下列說明何者正確？

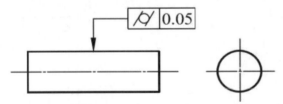

(A)該圓柱之表面須介於兩個同心軸線而相距0.05mm之圓柱面之間

(B)該圓柱體表面上任一直線須位於相距0.05mm兩平行直線之間

(C)任一與軸線垂直之斷面上，其周圍須介於兩個同心而相距
　0.05mm的圓之間

(D)該圓柱體軸線須位於直徑為0.05mm之圓柱區域內。

110年 │ 統測試題

( ) **1** 關於正多邊形之敘述，下列何者正確？ (A)正六邊形的邊長和內切圓的半徑相等 (B)正五邊形每一個內角角度為150度 (C)正四邊形相鄰兩邊互相垂直 (D)正三邊形的內角和為360度。

( ) **2** 表面織構符號以文字表示為MRR Rz 1.6，則以圖面上之標註方式何者正確？ (A)$\sqrt{\text{Rz 1.6}}$ (B)$\sqrt{\text{Rz 1.6}}$ (C)$\triangledown{\text{Rz 1.6}}$ (D)$\sqrt{\text{Rz 1.6}}$ 。

( ) **3** 圖(一)為某零件的前視圖（以剖視圖表示），下列何者為正確右側視圖？

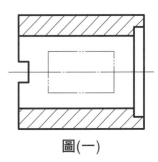

圖(一)

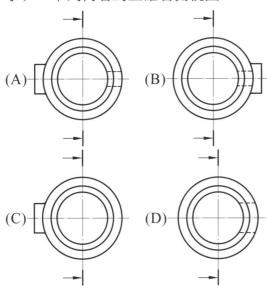

( ) **4** 關於工程圖學之敘述，下列何者正確？ (A)圖紙1張A1規格之紙張面積等於4張A4規格之紙張面積 (B)圖紙需裝訂成冊時，則左邊的圖框線應離紙邊25mm (C)國際標準化組織簡稱ANSI (D)標題欄通常置於圖紙的左上角，以便查閱圖面的基本資料。

( )　**5** 在工程製圖中，關於正投影之敘述，下列何者<u>不正確</u>？　(A)第一角投影法中右側視圖在前視圖的左邊　(B)第三角投影法中俯視圖在前視圖的上邊　(C)應用正投影原理所有的投射線均為互相平行 (D)依照CNS規定，一律採用第三角法，不得採用第一角法。

( )　**6** 依據CNS工程製圖有關線條的種類和用途之敘述，下列何者正確？ (A)假想線為中間2點的細鏈線　(B)旋轉剖面的輪廓線必為粗實線 (C)隱藏線為細虛線　(D)尺度線及尺度界線均為中實線。

( )　**7** 如圖(二)所示為一物體依第三角法繪製之前視圖及俯視圖，下列何者為其正確的左側視圖？

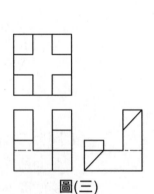

圖(二)

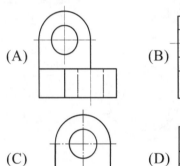(A)　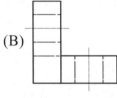(B)

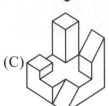(C)　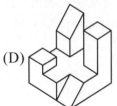(D)

( )　**8** 如圖(三)所示為第三角正投影視圖，下列何者為其正確之等角立體圖？

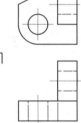

圖(三)

(A)　(B)

(C)　(D)

( ) **9** 根據工程製圖的剖面視圖畫法，下列何者正確？

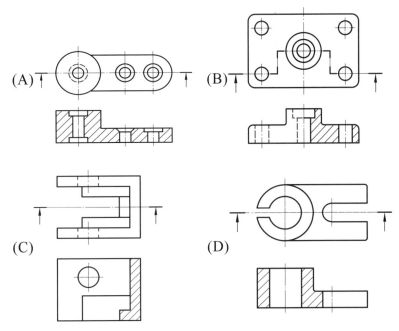

( ) **10** 關於工程製圖尺度標註之敘述，下列何者正確？
(A)大小尺度是用於不同幾何形體間之相關位置和距離
(B)圖中若有尺度未按比例繪製，應於該尺度數值上方加畫橫線
(C)中心線和輪廓線可作為尺度線使用
(D)正方形之形狀可僅標註其一個邊長尺度，但須加註方形符號。

( ) **11** 關於剖面視圖之敘述，下列何者正確？ (A)全剖面視圖可將物體內部結構與外部形狀同時表現於一個視圖上 (B)剖面線之繪製需均勻等距，但若剖面範圍狹小時，則剖面線均省略不畫 (C)割面線為割面邊視圖所呈現的線，用以表明割面之切割位置 (D)旋轉剖面乃將剖切之斷面旋轉90度後所得到之視圖，而移轉剖面不需旋轉即可得到視圖。

( ) **12** 關於習用畫法之敘述，下列何者正確？ (A)零件上因製作圓角而消失之稜線，為了容易識圖可用虛擬視圖表示之 (B)機件需以輥花加工，加工表面之輥紋形狀應以細實線表示於視圖中 (C)圓柱或圓錐上局部削平之平面，須在平面上加畫對角交叉之粗實線以便區別 (D)局部視圖乃將對稱物體以中心線為界畫出一側之視圖，且省略另一側之視圖者。

( ) **13** 根據工程製圖尺度標註，下列何者正確？

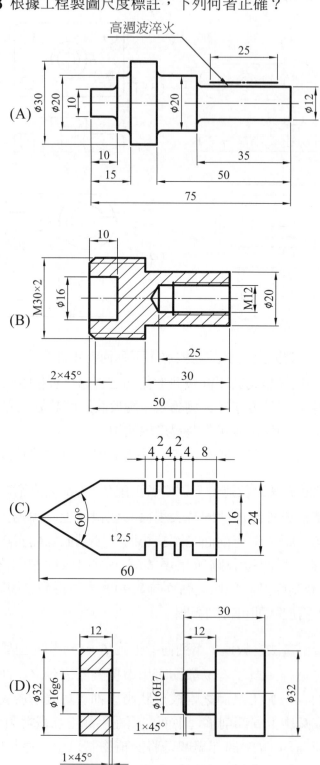

111年 │ 統測試題

( )　**1** 關於製圖設備與用具的敘述,下列何者正確?　(A)為求字體書寫一致,可使用中文工程字的字規　(B)製圖鉛筆筆心的硬度,可分為硬性與軟性二類　(C)將一線段分成若干長度等分,可使用圓規與模板配合　(D)用丁字尺與一組三角板,可繪出15°倍數角度的直線。

( )　**2** 關於最大實體的敘述,下列何者正確?　(A)最大實體狀況原理只能用在餘隙配合情況　(B)最大實體尺度是指孔和軸的上限界尺度　(C)最大實體尺度在圖面的標註符號應為M　(D)最大實體狀況原理無法用在零件導出型態。

( )　**3** 關於工程圖的認識,下列何者正確?　(A)電腦輔助製圖簡稱CAM　(B)設計者常以徒手繪製構想圖　(C)中華民國國家標準簡稱ISO　(D)圖紙厚薄的單位為kg/m^2。

( )　**4** 在表面織構符號中,試問下列哪一組表面紋理方向與工件外形輪廓完全有關?

(A) CRX　(B) CPX
(C) CPR　(D) PRX

( )　**5** 如圖所示為單一零件的示意圖,下列何者為正確的半視圖表示法?

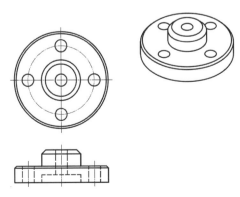

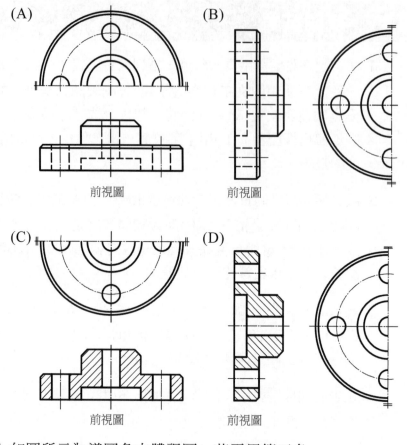

(A)

前視圖

(B)

前視圖

(C)

前視圖

(D)

前視圖

( ) **6** 如圖所示為導圓角立體視圖,若需用第三角法的兩視圖(上圖為俯視圖,下圖為前視圖)表示方式,則下列表示法何者正確?

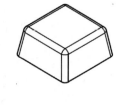

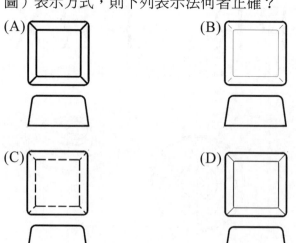

(A)

(B)

(C)

(D)

( ) **7** 如圖所示,一物體的俯視圖與右側視圖（第三角投影法）,下列何者為正確的前視圖?

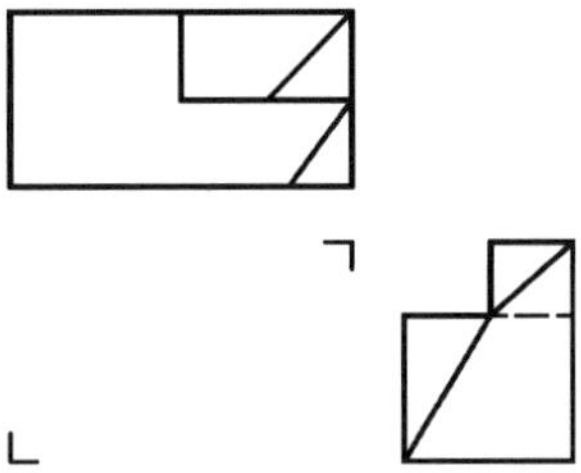

(A) 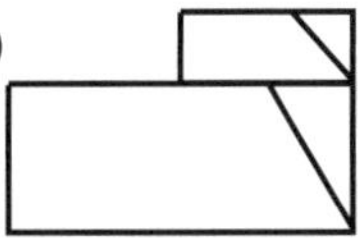 (B)

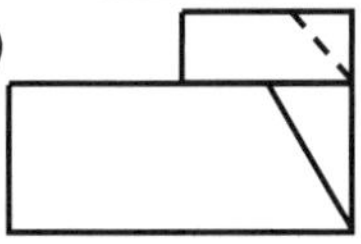

(C) 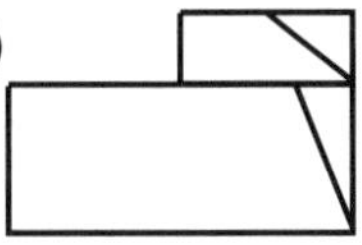 (D)

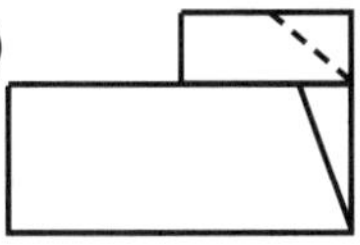

( ) **8** 如圖所示,在同一圖面上 X、Y、Z 三個物件與比例標註,其實際面積大小順序為何?

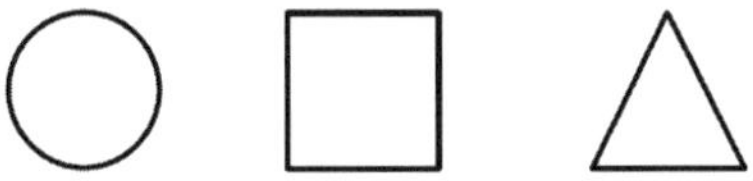

X(2:1)　Y(1:1)　Z(1:2)

(A) X > Y > Z   (B) Y > Z > X
(C) Z > X > Y   (D) Z > Y > X。

( ) **9** 繪製線條交接或平行時,下列圖示何者<u>不正確</u>?

(A) (B)

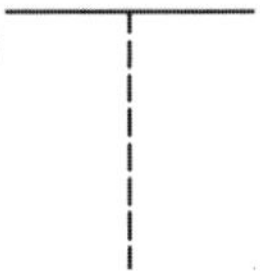

(C)  (D)

( ) **10** 關於幾何圖形及其使用繪圖工具繪製成圖,下列何者正確? (A)使用三角板與圓規即可將一圓弧作二等分 (B)使用量角器與圓

規可繪製平行線或垂直線　(C)多邊形每頂點接於圓周上者稱為正切多邊形　(D)當兩圓外切時其連心線長等於兩半徑的差值。

(　　) **11** 關於投影與分類的敘述，下列何者<u>不正確</u>？
(A)光源照射物體表面所投影的假想透明平面，稱其為投影面
(B)依投影線與投影面的關係，可區分為平行投影與斜視投影
(C)視點距物體無窮遠的投射線與投影面平行者，稱為正投影
(D)物體投影至投影面所構成圖像為此物體投影圖，稱為視圖。

(　　) **12** 關於配合件的敘述，下列何者正確？
(A)$\varnothing88$ H7 k6為基軸制干涉配合
(B)$\varnothing111$ F8 h7為基孔制餘隙配合
(C)若有一配合件，其孔的尺度偏差上限界偏差為+35、下限界偏差0，軸的尺度偏差上限界偏差為+25、下限界偏差為+3，則最大干涉為32，最小間隙25，容差為7
(D)若有一配合件，其孔的尺度偏差上限界偏差為+54、下限界偏差為0，軸的尺度偏差上限界偏差為0、下限界偏差為–35，最大間隙為89，最小間隙為0，容差為0。

(　　) **13** 如圖所示為對稱式圓桿夾具組件，圓形底板左右對稱，兩側皆可獨立安裝組件，本夾具利用凸輪偏心板手上下扳動，帶動壓板上下移動，達到快速夾持圓桿，若單側裝配該夾具組件（上圖為俯視示意圖，下圖為前視剖面示意圖），使其能正常夾持動作，試問最少零件數目需幾個？　(A)10　(B)11　(C)12　(D)13。

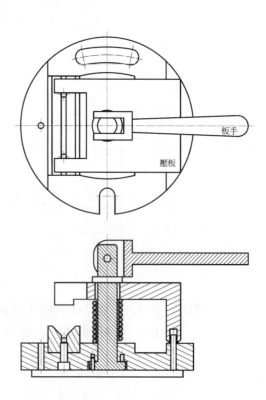

(　) **14** 如圖所示為對稱式圓桿夾具中壓板的三視圖，若想在此三視圖中標註尺寸達到不重複標註及最簡標註方式（依CNS標準），除圖面上的尺寸外，試問還需另外補充標註尺寸數目為多少？

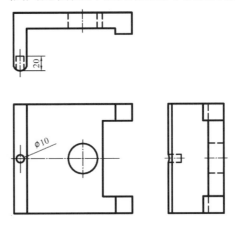

(A) 13　(B) 15　(C) 17　(D) 19。

(　) **15** 如圖所示，一物體的三視圖（第三角投影法），則其具有幾個單斜面與複斜面？

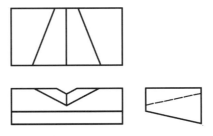

(A)一個單斜面與二個複斜面
(B)二個單斜面與一個複斜面
(C)一個單斜面與一個複斜面
(D)二個單斜面與二個複斜面。

(　) **16** 關於各種剖視圖的敘述，下列何者正確？　(A)物體被割面完全剖切，即將物體分割一半，且移去前半部稱為半剖面視圖　(B)局部剖面又稱斷裂剖面，表示物體內部某部分形狀，並以細實折斷線分界　(C)半剖面視圖是將剖面在剖切處原地旋轉90度，且剖面輪廓使用轉折線畫出　(D)工件的耳與凸緣被剖切及組合件遇剖切處有鉚釘、輪臂等，通常均不剖切。

112年 | 統測試題

( ) **1** 有關工程製圖之敘述，下列何者正確？
(A)工程圖不包括機械說明圖
(B)工程圖包括機械製圖之零件圖
(C)「國際標準化組織」的英文縮寫IOS
(D)「中華民國國家標準」的英文縮寫CAS。

( ) **2** 有關製圖設備與用具之敘述，下列何者正確？
(A)製圖用具之分規功能主要用於畫圓及圓弧
(B)三角板可以配合丁字尺運用，畫出各種12°倍數的角度斜線
(C)實物長度為20mm，若圖面以10mm的長度繪製，則其比例為
2：1
(D)萬能製圖儀是集丁字尺、三角板、量角器、直尺、比例尺等
功能之製圖設備。

( ) **3** 依據中華民國國家標準有關工程圖線條之敘述，下列何者正確？
(A)隱藏輪廓線應以粗虛線表示
(B)工件表面特殊處理範圍應以細鏈線來表示
(C)圖面中因圓角而消失的稜線應以細實線繪出
(D)尺度線以細實線繪出，尺度界線則以粗實線繪出。

( ) **4** 用一切割面截割一直立圓錐，其切割後之截面形成圓錐曲線，有
關圓錐曲線之敘述，下列何者正確？
(A)圓和雙曲線都是屬於圓錐曲線
(B)螺旋線和擺線都是屬於圓錐曲線
(C)當切割面平行於直立圓錐的中軸線形成之曲線為橢圓線
(D)當切割面垂直於直立圓錐的中軸線形成之曲線為拋物線。

( ) **5** 有關正多邊形之敘述，下列何者<u>不正確</u>？
(A)正七邊形的所有外角和為360°
(B)正五邊形每一個內角角度為108°
(C)六個正三邊形可以組合成一個正六邊形
(D)一個正八邊形可以分割成八個正三角形。

(　　) **6** 物件可利用投影法繪製出三視圖，下列何者為一物件正確的三視圖（第三角法）？

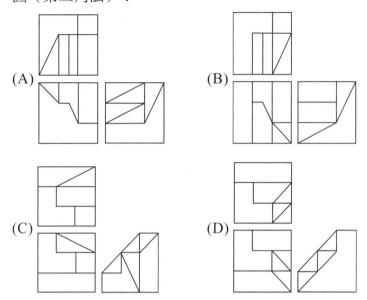

(　　) **7** 如圖所示為一物件之正投影三視圖（第三角法），已知俯視圖與前視圖，下列何者為正確的右側視圖？

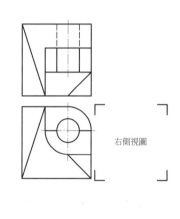

右側視圖

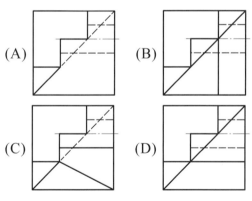

(　　) **8** 有關投影之敘述，下列何者正確？

(A)透視圖上之投影線互相平行

(B)物體離投影面愈遠，所得的正投影視圖愈小

(C)畫立體圖中的等角圖、二等角圖和等斜圖，都是利用平行投影法

(D)第一象限觀察投影時，投影面、物體、視點的先後順序為視點→投影面→物體。

( ) **9** 根據工程製圖尺度標註，下列何者正確？

(A)
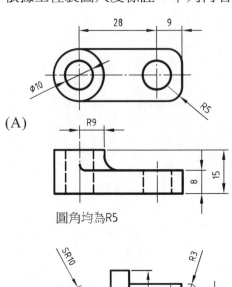

圓角均為R5

(B)
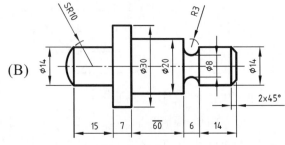

(C)
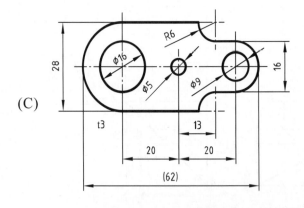

(D)
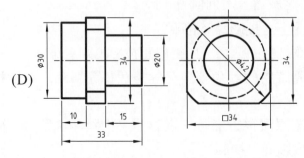

( ) **10** 如圖所示，針對已標註的尺度A至N中，屬於位置尺度的共有幾個？

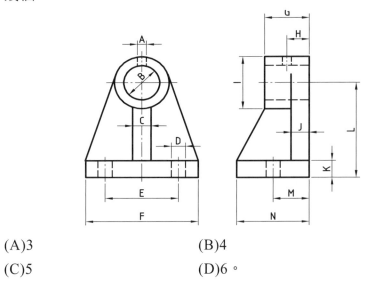

(A)3 　　　　　　　　(B)4
(C)5 　　　　　　　　(D)6。

( ) **11** 根據工程製圖的剖面視圖畫法，下列何者正確？

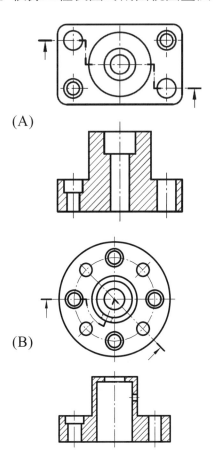

(A)

(B)

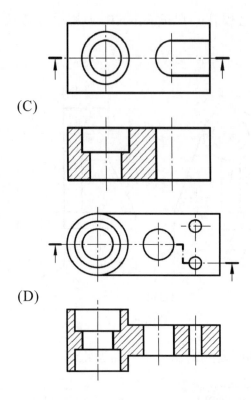

(C)

(D)

(　) **12** 有關剖面視圖之敘述，下列何者正確？

(A)剖視圖乃依照透視投影原理繪出內部複雜機件的內部構造

(B)當剖視圖沿機件主體軸剖切通過凸緣時，則剖切之凸緣需繪剖面線

(C)在半剖視圖中，表示機件外部形狀處之所有隱藏輪廓均須以虛線繪出

(D)局部剖面之範圍線以折斷線繪製，折斷線應與視圖之中心線或輪廓線重合。

(　) **13** 如圖所示為一物件的正投影視圖（第三角法），以輔助視圖TS表達斜面abc的實形，下列何者為正確的輔助視圖TS？

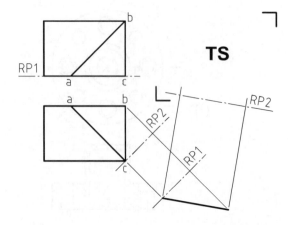

(A)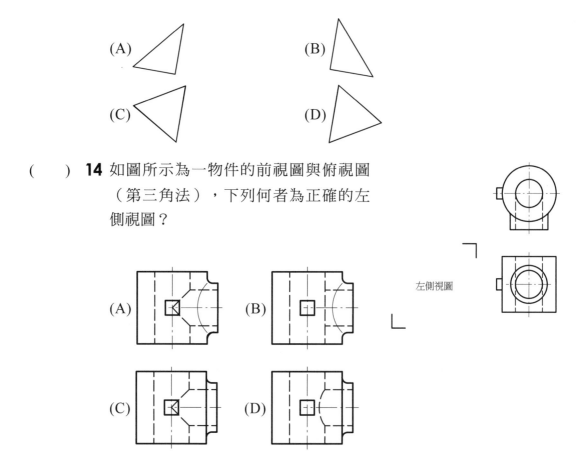

(B)

(C)

(D)

(　) **14** 如圖所示為一物件的前視圖與俯視圖（第三角法），下列何者為正確的左側視圖？

左側視圖

(A)

(B)

(C)

(D)

(　) **15** 管制階級桿全部中心軸線的真直度，使其公差區域須限制在直徑0.03的圓柱體內，下列何者為正確之幾何公差標註？

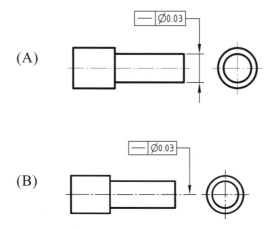

(A) ⌀0.03

(B) ⌀0.03

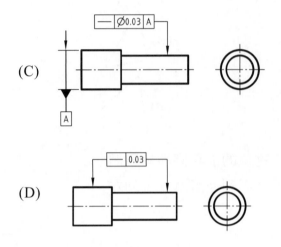

(C)

(D)

▲**閱讀下文，回答第16題**

CNC加工廠品管工程師主要負責產線零件抽檢與品質分析。近期，現場即將投產一量產零件，該零件中有一孔尺寸為∅ 8.3±0.05（單位：mm），該工程師要以塞規來作現場檢測用，並繪製一張塞規圖面，如圖所示，以提供廠商製造。

(　　) **16** 圖面中③與④處的外徑表面粗糙度為Ra 0.8，其圖面表面織構符號何者正確？

(A) Ra 0.8

(B) Ra 0.8

(C) Ra 0.8

(D) Ra 0.8

解答及解析

第1單元　工程圖認識

P.11 **1 (D)**。學習製圖的目的為識圖與製
圖。

2 (C)。製圖的要素為線條與字法。

3 (A)。製圖之首重要求是正確（求
真）。

4 (D)。製圖之方法可分為儀器畫、
徒手畫、電腦製圖。

5 (B)。能提供標題欄、零件表、視
圖組合、尺度標註、各機件裝配位
置要求等資訊之圖面為組合圖。

6 (D)。藍圖為將描圖放在特製的感
光紙上，用強光曬成藍底的工作
圖，供現場作業用，為現場操作者
所使用。

7 (C)。描圖紙是一種半透明，韌性
佳的薄紙，可用鉛筆或針筆繪製，
可用以曬製藍圖或複印之用。

8 (C)。製圖的要素是指線條與字法。

9 (D)。美國工業規格為ANSI。

10 (A)。中華民國國家標準規定標準
圖紙的大小為A規格。

11 (C)。A0圖紙可裁A1成2張，可裁
A2成4張，可裁A3成8張，可裁A4
成16張，依此類推。

P.12 **12 (B)**。(A)一般摺成A4大小。(C)
不裝訂的A4圖框線距離紙邊皆為
10mm。(D)A1圖紙的長邊為A3圖
紙長邊的2倍。

13 (B)。(A)(C)圖紙摺疊一般摺成A4
大小。(D)標題欄必須摺在上面。

14 (B)。零件表可另用單頁書寫。

15 (A)。草圖又稱構想圖或設計圖，
能迅速表達設計物件，常以徒手繪
製之圖面。

16 (A)。裝訂成冊A0要摺9次，A1摺6
次，A2摺4次，A3摺2次。

17 (D)。(D)GSM數愈大，紙張愈厚，
80GSM紙比50GSM紙厚。

18 (D)。

格式	A0	A1	A2	A3	A4
不裝訂	15	15	15	10	10
需裝訂	25	25	25	25	25

19 (C)。A3無裝訂之圖框大小為
（420-10-10）×（297-10-10）
=400×277

P.13 **20 (C)**。A1的面積大小為A0面積的$\frac{1}{2}$
，表示為面積非長寬。

21 (A)。A0圖紙的長邊尺度為短邊尺
度的$\sqrt{2}$倍。

22 (C)。(C)圖紙厚度以g/m^2表示。

23 (C)。A2規格圖紙面積為0.25m²，
A4規格圖紙面積為0.0625m²，故為
4倍。

24 (C)。製圖繪製方式的主要趨勢是電腦製圖。

25 (C)。描圖又稱第二原圖，以鉛筆或上墨方式將原圖描繪在描圖紙上，可曬製藍圖。

26 (A)。工作圖＝組合圖＋零件圖＋標題欄＋零件表。

27 (A)。零件詳圖為將機件之形狀大小繪出並提供尺度、表面粗糙度、公差、材質等之圖面。零件圖表示單一零件或構件之圖，作為現場生產之用。

28 (D)。SI為公制，ISO為國際標準制。

29 (D)。FMS為彈性製造系統，CNC為電腦化數值控制，CAD為電腦輔助設計，CAM為電腦輔助製造，CIM為電腦整合製造。

30 (D)。藍圖為將描圖放在特製的感光紙上，用強光曬成藍底的工作圖，供現場作業用，為現場操作者所使用。

P.14 31 (B)。能提供標題欄、零件表、視圖組合、尺度標註、各機件裝配位置要求等資訊之圖面為組合圖。

32 (B)。詳圖為將機件或某部分機件，用倍尺或足尺（1：1）的比例畫出之詳細結構圖。

33 (C)。標題欄內容應包括圖名、圖號、單位機構名稱、設計、繪圖、描圖、校核、審定等人員姓名及日期、投影法（以文字或符號表示）、比例、材料。

34 (B)。更改欄之形式，更改次數序號以 ①、②、③……表示之。

35 (C)。

格式	A系列
0	1189×841
1	841×594
2	594×420
3	420×297

36 (A)。水平邊之尺度×直立邊之尺度=(801+25+15)×(564+15+15)=841×594，屬於A1圖紙格式。

37 (B)。A4圖紙為297×210，圖紙有裝訂邊之圖框大小，圖框之水平邊×直立邊
=(297−25−10)×(210−10−10)，亦即262×190（mm）。圖框尺度（單位mm）如下：

格式	A0	A1	A2	A3
不裝訂	15	15	15	10
需裝訂	25	25	25	25
格式	A0	A1	A2	A3

38 (C)。更改符號為正三角形。

39 (A)。為方便圖面內容搜尋，常將圖框做偶數分格。

40 (C)。為方便複製時準確定位而設，中心記號線為粗實線，向圖框內延伸約5mm。

P.15 41 (D)。在機械製圖中，公制通常以mm（公厘或毫米）為長度單位，在圖中不必另行註明，若需使用其他單位時，則一律加註單位符號。

42 (D)。A3圖紙的尺度大小為420×297mm，長邊為420mm。

43 (A)。A0規格圖紙面積為$1m^2$，A0的面積為A1面積的2倍，A1的面積為A2面積的2倍，以此類推得知A0的面積為A4面積的16倍，故A4規格圖紙面積為$0.0625m^2$。

44 (D)。一般製圖要裝訂成冊，則左邊圖框線離紙邊25mm為宜。

45 (A)。(B)(C)圖框線不可當作尺度界線及輪廓線使用。(D)當視圖尺度太大時，視圖不可畫到圖框外。

46 (D)。(A)A0圖紙的長邊為短邊的$\sqrt{2}$倍。(B)A0圖紙的長邊為A1圖紙長邊約$\sqrt{2}$倍。(C)A1圖紙的面積為A3圖紙面積的4倍。

47 (D)。(A)A1規格圖紙可裁成8張A4規格圖紙。(B)2、5、10比例為常用的機械製圖比例。(C)製圖比例5：1代表圖示長度為實物長度的5倍。

48 (C)。以A3圖紙繪製工程圖，如須裝訂成冊，則左邊（裝訂邊）之圖框線應距離圖紙左側邊緣25mm。

49 (B)。A3圖紙的尺度大小為420×297 mm。

P.16 **50 (D)**。(A)設計圖又稱構想圖係設計者用來表示初步構想與規劃所繪出的圖面。(B)我國工程製圖的規範必須完全依據CNS標準。(C)工程圖的繪圖方式可以利用徒手畫、儀器畫和電腦畫等。

51 (D)。(A)加在標題欄上方的零件表，其填寫次序是由下而上。(B)零件表之件數欄是指該零件在工作圖中總共具有的件數。(C)圖號是標題欄的項目之一。

52 (B)。A2圖紙為594×420mm，圖紙有裝訂邊之圖框大小，圖框之水平邊×直立邊為（594−25−15）×（420−15−15），亦即554×390mm。

圖框尺度（單位mm）如下：

格式	A0	A1	A2	A3	A4
不裝訂	15	15	15	10	10
需裝訂	25	25	25	25	25

53 (B)。CNS公制之A系列圖紙，長邊為短邊$\sqrt{2}$倍。

54 (C)。水平邊之尺度×直立邊之尺度＝（385+25+10）×（277+10+10）＝420×297，屬於A3圖紙格式。

55 (C)。(C)組合圖是為了說明機械或產品的構造、裝配及操作保養等目的所使用之圖面。

56 (D)。(A)A0圖紙如須裝訂成冊，則裝訂邊離圖紙左側25mm。(B)A1圖紙可裁剪成4張之A3圖紙。(C)描圖紙厚薄之規格單位為：g/m^2。

P.17 **57 (B)**。(A)為立體管路圖。(C)為局部放大圖（局部詳圖）。(D)為平面零件圖。

58 (B)。(A)1張A1規格之圖紙面積等於8張A4規格之圖紙面積。(C)國際標準化組織簡稱ISO。(D)標題欄通常置於圖紙的右下角。

59 (B)。(A)電腦輔助製圖簡稱CAD。(C)中華民國國家標準簡稱CNS。(D)圖紙厚薄的單位為g/m^2。

60 (B)。(A)工程圖包括機械說明圖。(C)國際標準化組織的英文縮寫ISO。(D)中華民國國家標準的英文縮寫CNS。

第2單元　製圖設備與用具

P.25 1 (B)。儀器畫垂直線由下而上。徒手畫垂直線時，應由上往下畫。

2 (A)。三角板格規大小為45°的斜邊或60°的對邊。

3 (D)。使用萬能製圖儀的圖桌固定圖紙，則將圖紙置於圖板的中央偏下方。

4 (A)。鉛筆作水平移動時，為了使線條粗細均勻，應稍微轉動，使粗細一致。

5 (D)。萬能製圖儀可繪製任意角度的斜線。

6 (A)。萬能製圖儀包含直尺、丁字尺、三角板、量角器、比例尺。

7 (C)。一組三角板配合丁字尺能將180°之角等分為12等分。

8 (B)。彈簧規（弓形規）用來畫直徑6～50mm之圓或圓弧。

9 (B)。使用模板繪製時，應使筆和圖面保持垂直，才能正確繪出圖形。

10 (C)。畫直線時，鉛筆與桌面的傾斜角度約為60°。

11 (A)。鴨嘴筆是用來畫線，不可用於寫字。

P.26 12 (D)。畫線時，可旋轉鉛筆，使粗細一致。

13 (A)。HB鉛筆的筆芯，比H鉛筆的筆芯軟。鉛筆從硬至軟分別為9H、8H……3H、2H、H、F、HB、B、2B……7B，共分18級。

14 (A)。利用一片30°×60°×90°三角板，搭配丁字尺使用，最多可以將一圓分割成12等分。

15 (D)。(A)曲線板只可以用來畫圓弧以外的曲線。(B)丁字尺與一組三角板僅能畫出15°之倍數角。(C)分規和圓規的構造類似，圓規一支腳為針腳，另一支為筆腳，分規兩支腳皆為針腳。

16 (C)。三角板配合丁字尺畫垂直線是由下往上畫。

17 (C)。要繪製直徑550mm的圓弧僅可使用樑規。

18 (D)。(A)曲線板無法畫圓的曲線。(B)擦線板是用來掩蓋需要保留之線條。(C)針筆上墨，筆尖須垂直紙面。

P.27 19 (C)。繪製直徑600mm的圓弧僅可使用樑規。

20 (D)。彈簧規（弓形規）：用來畫直徑6～50mm之圓或圓弧。

21 (A)。鉛筆從硬至軟分別為9H、8H……3H、2H、H、F、HB、B、2B……7B，共分18級。

22 (C)。(A)3B鉛筆比2H鉛筆軟。(B)鴨嘴筆不可用來寫字。(D)上墨時，

先圓弧、曲線、然後直線，最後才
寫字。

23 (B)。彈簧圓規是用來畫直徑
6mm～50mm的圓。

24 (A)。分規用來等分線段或量取長
度，不能用來畫圓。放大、縮小圖
形使用比例分規。

25 (C)。比例尺常呈三角形，每面有
二種比例刻度，共有六種比例尺
度。比例尺常用刻度為$\frac{1}{100}$、$\frac{1}{200}$、
$\frac{1}{300}$、$\frac{1}{400}$、$\frac{1}{500}$、$\frac{1}{600}$等，常以m
為單位。

26 (C)。(A)分規用以量取長度及分割
線段。(B)丁字尺可用於平行線。
(D)比例尺不可用於畫直線。

P.28 **27 (C)**。可撓曲線規適合用來畫較大
彎曲線。

28 (C)。需要滑鼠（或數位板）及鍵
盤等硬體。電腦輔助製圖優點：
(1)提升設計生產力。(2)方便管理
圖檔及保存圖檔。(3)易於建立物
料清單及資料庫。(4)圖面資料清
晰。(5)有效整合CAD/CAM。(6)
圖檔重製性高。

29 (D)。電腦輔助製圖需使用合法軟
體。

30 (C)。針筆畫細線條時，筆桿與紙
面角度成90°。

31 (B)。圓板上的號數代表直徑尺度。

32 (B)。H代表硬、細、顏色較淺淡，
B代表軟、粗、顏色較濃黑。

33 (D)。H代表硬、細、顏色較淡，B
代表軟、粗、顏色較黑。

34 (D)。製圖桌角度可作0°～75°調
整，傾斜度以1：8為宜。

P.29 **35 (B)**。鴨嘴筆之筆身維持與紙面垂直。

36 (D)。1mm或2mm等較小之圓，宜
使用圓圈板畫圓。

37 (B)。一組三角板配合丁字尺，可繪
出所有15°倍數的角度，可將一圓分
成24等分，可將一半圓分成12等分。

38 (C)。繪底稿利用3H、2H、H；描
圖、寫字利用H、F、HB；圓規筆
蕊利用F、HB。

39 (B)。量角器不可畫圓弧及直線。

40 (D)。曲線板之外形是由漸開線、
擺線、橢圓、雙曲線、拋物線、螺
旋線等數學曲線及其他不規則曲線
所構成。

41 (D)。使用萬能製圖儀的圖桌固定
圖紙，則將圖紙置於圖板的中央偏
下方。

42 (D)。一組三角板配合丁字尺，可
繪出所有15º倍數的角度，125º非
15º倍數。

43 (D)。(A)比例尺不可作為畫直線之
規尺使用，(B)分規用於等分與度
量，(C)畫圓利用圓規為主。

44 (C)。每支針筆僅能畫一種粗細的
線條。

45 (B)。(A)分規用途為量測長度、等分線段，不可繪圖。(C)鉛筆筆心由軟到硬的順序排列為B、HB、F、H。(D)使用鉛筆畫線時，鉛筆沿畫線方向與圖面成60°交角。

P.30 46 (A)。從最硬的9H到最軟的7B，共分18級，這4種筆心硬到軟為2H>F>HB>3B。

47 (D)。鉛筆筆心從硬至軟依序為：9H、8H、7H～2H、H、F、HB、B、2B～7B，共18級。

48 (C)。鉛筆筆心等級「H」代表硬、細、顏色較淡。「B」代表軟、粗、顏色較黑。鉛筆筆心等級從硬至軟分別為9H、8H～3H、2H、H、F、HB、B、2B～7B，共18級。

49 (C)。(A)曲線板可以用來描繪漸開線。(B)利用三角板配合丁字尺可繪製出15°倍數之角度，245°的傾斜線不可畫出。(D)繪圖比例為1：2.5，係「圖面尺度」與「實物尺度」之比值為1：2.5。

50 (C)。一組三角板配合丁字尺，可繪出所有15°倍數的角度。125°並非15°倍數的角度。

51 (B)。分規之主要用途為等分與度量，不可繪製圓弧。

52 (B)。徒手畫時應使用H到B等級的鉛筆較適宜，如H、F、HB、B等級。

53 (C)。分規之主要用途為等分與度量。

P.31 54 (#)。(A)無中文工程字的字規。(B)製圖鉛筆筆心的硬度，可分為硬性類、中性類、軟性類共三類。本題官方公告選(C)或(D)均給分。

55 (D)。(A)分規功能為等分與度量。(B)一組三角板搭配丁字尺，可畫出15°倍數的斜線。(C)實物長度為20mm，若圖面以10mm的長度繪製，則其比例為1：2。

第3單元　線條與字法

P.42 1 (B)。隱蔽線以虛線畫之，且虛線屬於中線。

2 (D)。線條粗細尺度（單位：mm）（為 $\sqrt{2}$ 系列）：

粗線	1	0.8	0.7	0.6	0.5	0.35
中線	0.7	0.6	0.5	0.4	0.35	0.25
細線	0.35	0.3	0.25	0.2	0.18	0.13

3 (D)。割面線為兩端粗實線中間細鏈線之組合。

4 (B)。一般線條優先順序為：粗實線→虛線（隱藏線）→中心線→折斷線→尺度線→剖面線。輪廓線屬於粗實線。

記憶法：實→虛→中→折→尺→剖。

5 (D)。拉丁字中，字與字的間隔以能插入一個字母O為原則。

6 (B)。(A)粗線為0.6mm、中線為0.4mm、細線為0.2mm。(C)在A2圖紙中，中文字最小字高為3.5mm。(D)中文字一般使用長形之字形來書寫。

7 (C)。a.中文字是使用等線體書寫。

8 (A)。圖紙上的比例以2、5、10倍數之比例最常用。

P.42 **9 (D)**。線條重疊以粗者優先，遇粗細相同時，則以重要者為優先。

10 (B)。中心線與隱藏線（即虛線）重疊時，則以隱藏線（即虛線）優先。

11 (D)。虛線為實線之延伸時，應留空隙。

12 (C)。

應用	圖紙大小	最小之字高		
		中文字	拉丁字母	阿拉伯數字
標題圖號	A0, A1	7	7	7
	A2, A3, A4	5	5	5
尺度註解	A0, A1	5	3.5	3.5
	A2, A3, A4	3.5	2.5	2.5

13 (B)。中心線與割面線重疊時，應視何者較能使讀圖方便而定其先後。一般線條優先順序為：粗實線→虛線（隱藏線）→中心線→折斷線→尺度線→剖面線。

14 (D)。割面線與虛線重疊，則畫虛線。

15 (A)。上墨實圓時應先圓弧，然後曲線、直線，最後才寫字。

P.44 **16 (C)**。拉丁字母的粗細為字高的$\frac{1}{10}$。

17 (C)。長形字的字寬為字高的四分之三。

18 (A)。特殊處理表面範圍利用粗鏈線。

19 (A)。虛線通過實線時，其交點處應維持相交。

20 (C)。以A3圖紙繪圖時，其標題及圖號所採用的最小字高建議為5mm。

21 (A)。虛線與實線交會不留空隙。虛線係為實線之連續部分時，始端應該留空隙。

22 (A)。

應用	圖紙大小	最小字高	
		拉丁字母	阿拉伯數字
尺度註解	A0、A1	3.5	3.5
	A2、A3、A4	2.5	2.5

23 (B)。粗實線用於輪廓線及圖框線。

24 (C)。隱藏線用之虛線其線段每段長約3mm。

P.45 **25 (C)**。凡是圓、圓柱等對稱之物體，必須畫出中心線，中心線為細鏈線。

26 (A)。中心線、節線、基準線為細鏈線。特殊處理物面的範圍為粗鏈線。

27 (C)。一般線條優先順序為：粗實線→虛線（隱藏線）→中心線→折斷線→尺度線→剖面線。

28 (C)。製圖時上墨之順序為由左而右，由上而下。

29 (D)。CNS建議最小中文字字高如下表：

應用	圖紙大小	中文字體最小字高
標題、圖號、件號	A0、A1	7
	A2、A3、A4	5
尺度註解	A0、A1	5
	A2、A3、A4	3.5

30 (C)。上墨的次序第一應先畫實線圓。

31 **(D)**。阿拉伯字及拉丁字母的斜式傾角為75º。

32 **(D)**。虛線與其他線條交會應維持相交。

33 **(A)**。隱蔽線以虛線畫之，且虛線屬於中線。

P.46 34 **(A)**。虛線與其他線條交會應維持相交；虛線為粗實線的延長時應留空隙。

35 **(D)**。(A)虛線為粗實線的延長時應留空隙。(B)虛線與實線相交時，其交點接合處應維持正交。(C)虛線圓弧部分之起迄點，要在切點上。

36 **(C)**。虛線為粗實線的延長時應留空隙。

37 **(C)**。主要細鏈線有中心線、節線及基準線三種。(A)細實線。(B)粗實線。(D)細實線。

38 **(D)**。可見輪廓線為粗實線。

39 **(A)**。假想線以細兩點鏈線表示。

P.47 40 **(C)**。若實線與虛線重疊，則以實線為優先。

41 **(C)**。(A)作圖線係以細實線表示。(B)割面線係以兩端粗中間細之鏈線表示。(D)旋轉剖面的輪廓線係以細實線表示。

42 **(B)**。(A)節線為一點細鏈線。(C)假想線為二點細鏈線。(D)割面線為兩端粗中間細一點鏈線。

43 **(A)**。(B)(C)虛線與其他線條交會應維持相交。(D)虛線為粗實線的延長時應留空隙。

44 **(B)**。(A)折斷線為不規則而連續的細實線。(C)因圓角而消失的稜線為細實線，隱藏線為虛線。(D)須特殊處理物面的範圍係以粗鏈線表示。

P.48 45 **(C)**。以A3圖紙繪圖時，其標題及圖號所採用的最小字高建議為5mm。

46 **(A)**。虛線使用於無法以目視直接看到物體的部分，此線條又稱為隱藏線。

47 **(D)**。(A)隱藏線與中心線重疊時，優先繪製隱藏線。(B)虛線為中線，可用於繪製隱藏線，不可繪製假想線。(C)線條依其種類可分為：實線、虛線、鏈線等三大類。

48 **(A)**。虛線用於隱藏線之繪製。

49 **(A)**。直徑尺度為50mm的球體以Sϕ50標註。

50 **(A)**。中心線為一點細鏈線。

51 **(B)**。(A)粗實線與虛線直接交接處應連接，不可留空隙。(C)(D)虛線弧為實線弧之延長時，應留空隙。

P.49 52 **(C)**。(A)因虛線孔在兩條虛線中間會有一條中心線，故兩條虛線應互相對齊而不是錯開。(B)鉛筆心其中4H為硬級類，3H、2H、H、F、HB、B才是中級類。(D)一組三角板搭配丁字尺，只能做出15度倍數角度，無法做出115度。

53 **(A)**。(B)旋轉剖面的輪廓線不一定為粗實線。(C)隱藏線為中虛線。(D)尺度線及尺度界線均為細實線。

54 (C)。虛線與虛線相交時,其交點接合處應維持正交。

55 (C)。(A)隱藏輪廓線應以中虛線表示。(B)工件表面特殊處理範圍應以粗鏈線來表示。(D)尺度線與尺度界線皆以細實線繪出。

第**4**單元 應用幾何畫法

P.63 **1 (B)**。n多邊形之內角和=(n−2)×180°。

2 (A)。n多邊形之內角和=(n−2)×180°=(5−2)×180°=540°。

3 (C)。曲面體分:(1)單曲面體:圓柱、圓錐。(2)複曲面體:球、環、橢圓面、雙曲面。(3)翹曲面體:不規則之曲面體。

4 (D)。邊長2cm之正六角形作圖需具有刻劃三角板及圓規繪出。

5 (C)。三角形任意兩邊和要大於第三邊才可。

6 (D)。圓上一點到圓心之距離處處相同。

7 (C)。一動點在一平面上運動,此動點與定點(焦點)間之距離,恆等於動點至一直線(準線)之相隔距離,此動點所成之軌跡謂之拋物線。

8 (A)。移動一點而成平面曲線,若此點與兩定點間之距離之和為一常數則為橢圓。若此點與兩定點間之距離之差為一常數則為雙曲線。

9 (B)。移動一點而成平面曲線,若此點與兩定點間之距離之和為一常數則為橢圓。若此點與兩定點間之距離之差為一常數則為雙曲線。

10 (B)。鐘錶或儀器的齒輪齒輪廓曲線是擺線。

P.64 **11 (A)**。小圓徒手畫法,一般先畫出中心線。

12 (B)。橢圓徒手畫法,一般先畫出橢圓之長短軸。

13 (C)。通過不在一直線上的三點,可作一圓弧。

14 (B)。在圓周上一點只可作一條切線。

15 (D)。圓錐被垂直於中心線的平面所截,則所截得之圖形為圓形。

16 (A)。圓錐被平行於中心線的平面所截,則所截得之圖形為雙曲線。

17 (C)。平面與錐軸之交角等於素線與錐軸之交角時,割得之形狀為拋物線。

18 (D)。平面與錐軸之交角小於素線與錐軸之交角時,割得之形狀為雙曲線。

19 (B)。平面與錐軸之交角大於素線與錐軸之交角時,割得之形狀為橢圓。

P.65 **20 (D)**。阿基米德螺旋線,常應用於凸輪廓設計,且運動時,可使等速旋轉運動改變為等速往復運動。

21 (B)。有旋轉又有直線移動者為螺旋線。

22 (D)。(A)徒手畫圖，需注重線條之粗細。(B)徒手畫水平線時，由左而右。(C)徒手畫所用的鉛筆一般採用HB或F等級。

23 (C)。徒手草繪所使用的鉛筆以HB製圖鉛筆最佳。此題所提5H比HF更適合，製圖鉛筆等級中並沒有HF之製圖鉛筆。

24 (C)。一直線與圓相切於一點，此點與圓心之連線與直線的夾角為90°。

25 (B)。三角法為圖形之遷移。

26 (B)。圓的內接正六邊形，其邊長為圓的半徑。

27 (A)。橢圓畫法最常用的為四圓心近似法。

28 (B)。齒輪曲線常用者為漸開線或擺線。

29 (A)。螺旋線最常用於繪製螺紋。

30 (A)。圓之切線必與徑向線互相垂直。

P.66 **31 (B)**。符號(25)，代表參考尺度25mm。

32 (A)。正四、八、二十面體由正三角形組成；正六面體由正方形組成；正十二面體由正五角形組成。

33 (A)。切割直立圓錐可得正圓、橢圓、雙曲線、拋物線、等腰三角形等五種幾何圖形。

34 (D)。遷移圖形主要方法有三角法、方盒法、支距法。

35 (A)。將直角三角形的底邊緊靠圓柱，纏繞在圓柱周圍，則直角三角形斜邊在圓柱表面所形成的曲線稱為螺旋線。

36 (B)。(A)為正圓。(B)為拋物線。(C)為橢圓。(D)為雙曲線。

37 (C)。n多邊形之內角和＝（n－2）×180°＝（8－2）×180°＝1080°。

38 (A)。一圓在沿一直線滾動時，圓周上一點的軌跡稱為正擺線。

39 (A)。兩個分離圓具有四條公切線，其中二條外公切線，二條內公切線。

40 (D)。比例之定義為圖面上之長度：實際長度。比例為5：1，若實際長度為5mm，則畫在圖面上之長度為25mm。

P.67 **41 (D)**。比例或比例尺為「圖面尺度」與「實物尺度」之比值。圖面上之長度為20mm，使用之比例為1：10，則實際之長度為200mm。

42 (C)。(A)當兩圓外切時，其連心線距離為兩半徑之和。(B)當兩圓內切時，其連心線距離為兩半徑之差。(D)一圓與正多邊形之頂點相接時，則該圓為多邊形之外接圓。

43 (B)。(B)利用直尺和三角板，可以等分任一線段。

44 (C)。(A)利用丁字尺和三角板，只能畫出與水平夾角成15°倍數的

線段。(B)利用丁字尺和一30°三角板，可以畫出一圓的外切正六邊形。(D)若有一圓與一直線外切，其切點與此圓心之連線會與該直線垂直。

45 (A)。圓錐曲線主要有正圓、橢圓、雙曲線、拋物線及等腰三角形等。

46 (A)。球體符號以「S」表示，必須在直徑符號ϕ前面，故以Sϕ50標註。

47 (B)。圓之內接正六邊形的邊長等於半徑。

48 (C)。當兩圓相切時，通過切點之公切線與連心線的夾角為90度。

P.68 **49 (B)**。徒手畫時應使用H到B等級的鉛筆較適宜，如H、F、HB、B等級。

50 (A)。(B)在製造業應用最廣泛之徒手畫立體圖為立體正投影之等角圖。(C)徒手繪製圖形與文字時，宜用HB或F級鉛筆。(D)徒手繪製水平與垂直線條時，眼睛應看線之終點。

51 (D)。(A)A1圖紙面積為0.5m²，B0圖紙面積為1.5m²。(B)普通製圖紙與描圖紙的厚薄是以g/m²（GSM或gsm）做為定義。(C)用一平面切一直立圓錐，當割面與錐軸之夾角大於素線與錐軸交角，可得橢圓截面。

52 (C)。(A)正六邊形的邊長和外切圓的半徑相等。(B)正五邊形每一內角為108度。(D)正三邊形的內角和為180度。

53 (#)。(C)一圓與正多邊形之頂點相接時，則該多邊形為圓的內接正多邊形。(D)當兩圓外切時其連心線長為兩半徑之和。本題官方公告選(A)或(B)均給分。

54 (A)。(B)圓錐曲線主要有正圓、橢圓、雙曲線、拋物線及等腰三角形等。(C)當切割面平行於直立圓錐的中軸線形成之曲線為雙曲線。(D)當切割面垂直於直立圓錐的中軸線形成之曲線為正圓。

55 (D)。n邊形可分成（n-2）個三角形，八邊形可以分割成六個三角形。

第5單元　正投影識圖與製圖

P.91 **1 (C)**。(A)斜投影之投射線與投影面不垂直，且投射線彼此平行。(B)第三角法為觀察者→投影面→物體。(D)正投影中，第一角投影法的右側視圖位於其前視圖的左側。

2 (D)。等角圖中，凡與等角軸平行的線，稱為等角線，可直接度量。

3 (C)。位置高低依直立投影（V）位置而定。

4 (C)。投影的順序為觀察者→投影面→物體。

5 (B)。等角投影圖與等角圖的不同，在於等角圖忽略邊長縮率81%，以物體實際邊長進行繪製。

P.92 **6 (D)**。機械識圖常利用正投影，將平面視圖轉化成立體形狀。

7 (A)。正投影立體圖可分為如下三種投影圖：

(1) 等角投影圖：三軸線之夾角互成等角。

(2) 二等角投影圖：三軸線中有二軸線之夾角相等。

(3) 不等角投影圖：三軸線之夾角互為不相等。

8 (A)。透視圖中沒有斜角透視。

9 (D)。正投影立體圖可分為如下三種投影圖：

(1) 等角投影圖：三軸線之夾角互成等角。

(2) 二等角投影圖：三軸線中有二軸線之夾角相等。

(3) 不等角投影圖：三軸線之夾角互為不相等。

10 (D)。

(1) 等斜圖之斜投影之投射線與投影面成45°角度。

(2) 半斜圖之斜投影之投射線與投影面成63°角度。

(3) 傾斜圖之斜投影之投射線與投影面成不一定角度。

11 (A)。物體要得到實形則物體要與投影面平行，斜視圖之正面與投影面平行。

12 (B)。依CNS規定第三角正投影法得知。

13 (D)。依CNS規定第三角正投影法得知。

P.93 **14 (A)**。依CNS規定第三角正投影法得知。

15 (A)。依CNS規定第三角正投影法得知。

16 (C)。依CNS規定第三角正投影法得知。

P.94 **17 (D)**。依CNS規定第三角正投影法得知。

18 (B)。依CNS規定第三角正投影法得知。

19 (D)。依CNS規定第三角正投影法得知。

P.95 **20 (C)**。依CNS規定第三角正投影法得知。

21 (C)。依CNS規定第三角正投影法得知。

22 (B)。依CNS標準第三角正投影法得知。

P.96 **23 (CD)**。依CNS標準第三角正投影法得知。

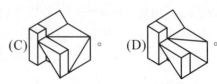
(C)　　　。　(D)　　　。

24 (A)。依CNS標準第三角
正投影法得知。

25 (B)。依CNS標準第一角正投影法
得知。前視圖位置不變，右側視圖
及左側視圖位置與第三角正投影法
相反。

P.97 **26 (A)**。依CNS標準第三角
正投影法得知。

27 (A)。依CNS標準第三角
正投影法得知。

28 (A)。第三角法係將物體置於第三
象限內，以「視點（觀察者）」→
「投影面」→「物體」關係而投影
視圖的畫法，即稱為第三角法。此
題為展開圖之應用，須了解數字之
展開後方位之一致。

P.98 **29 (A)**。第四象限時V（垂直）、H
（水平）投影皆在下（投影重疊，
工程上不採用）。

30 (D)。依CNS標準第三角正投影法
得知。

31 (D)。依CNS標準第三角正投影法
得知。

P.99 **32 (B)**。依CNS標準第一角正投影法
得知。

33 (D)。依CNS標準第三角正投影法

得知。

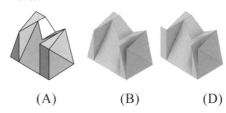

34 (C)。依CNS標準第三角正投影法
得知。

P.100 **35 (#)**。依CNS標準第三角正投影法得
知，本題官方公告選(A)、(B)、(D)
均給分。

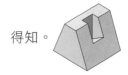

(A)　　　　　　(B)　　　　　　(D)

36 (C)。依CNS標準第三角正投影法

得知。

37 (D)。依CNS標準第三角正投影法
得知。

P.101 **38 (D)**。依CNS標準第三角正投影法

得知。

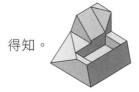

39 (A)。依CNS標準第三角正投影法

得知。

40 (D)。(A)正投影視圖是視點距物體於無窮遠處,投射線垂直於投影面所得到之視圖。(B)第三角投影法是將物體置於投影面後方,且依觀察者→投影面→物體之順序排列的一種正投影法。(C)應用正投影原理繪製的立體圖可分為等角圖、二等角圖及不等角圖三種。

41 (C)。依CNS標準第三角正投影法

得知。

P.102 **42 (D)**。依CNS標準第三角正投影法

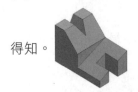

得知。

43 (C)。(A)當一直線平行於一主要投影面且傾斜於另外兩個主要投影面,則該直線稱為單斜線。(B)正垂面在與其平行的投影面上之投影視圖,稱為該正垂面之正垂視圖。(D)當一平面傾斜於三個主要投影面時,則該平面稱為複斜面(歪面)。

44 (B)。依CNS標準第三角正投影法

得知。

P.103 **45 (C)**。依CNS標準第三角正投影法得知。

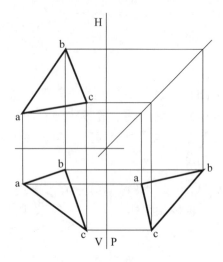

46 (C)。依CNS標準第三角正投影法

得知。

47 (D)。依CNS標準第三角正投影法得知,二個單斜面和一個複斜面。

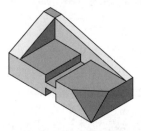

P.104 **48 (C)**。等角投影圖與等角圖之形狀相同,但大小不同,其等角投影圖的大小約為等角圖的81%。

49 (D)。(A)為正垂線。(B)為水平線。(C)為複斜線。

50 (#)。(A)(B)依CNS標準第三角正投影法得知。本題官方公告選(A)或(B)均給分。

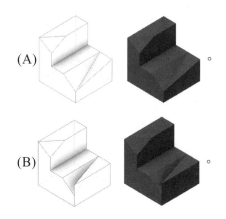

(A) 。

(B) 。

51 (D)。依照CNS規定，第一角法與第三角法皆可採用。

P.105 **52 (A)**。依CNS標準第三角正投影法得知。

53 (C)。依CNS標準第三角正投影法得知。

P.106 **54 (C)**。依CNS標準第三角正投影法得知，正確的前視圖為(C)。

55 (A)。參考如下圖所示。

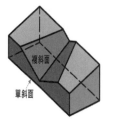 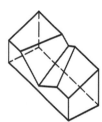

複斜面
單斜面

56 (#)。(B)依投影線與投影面的關係，可區分為平行投影與透視投影。(C)視點距物體無窮遠的投射線彼此平行且與投影面垂直者，稱為正投影。本題官方公告選(B)或(C)均給分。

P.107 **57 (D)**。依CNS標準第三角正投影法得知，正確的三視圖（第三角法）為(D)。

立體圖

58 (A)。依CNS標準第三角正投影法得知，正確的右視圖為(A)。

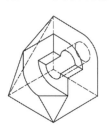 

立體圖

59 (C)。(A)透視圖上之投射線集中於一點。(B)物體離投影面愈遠,所得的正投影視圖大小不變。(D)第一象限觀察投影時,投影面、物體、視點的先後順序為視點→物體→投影面。

P.108 **60 (A)**。依CNS標準第三角正投影法得知,正確的左側視圖為(A)。

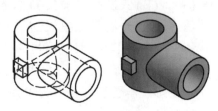

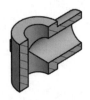

第6單元 尺度標註與註解

P.129 **1 (A)**。一般製圖時最優先考慮物件特徵並決定主要視圖選擇視圖數量,如兩視圖或三視圖。

2 (B)。尺度數字之書寫,在橫書時由左向右,在縱書時由下向上。

3 (B)。尺度數字標註在尺度線之上。

4 (D)。輪廓線和中心線都不可以作尺度線。

5 (D)。中心線為細鏈線,可以作為尺度界線使用。

6 (B)。指線專用於註解,不可代替尺度線。

7 (C)。箭頭長度約為3~4mm。其長度宜為高度的3倍。

P.130 **8 (B)**。輪廓線和中心線不可當尺度線使用。

9 (C)。多個連續狹窄部位在同一尺度線上,其尺度數字應分為高低兩排交錯書寫。

10 (A)。(B)不可省略。(C)半圓或大於半圓的圓弧,必須標註在圓形視圖上。(D)直徑符號寫在數字前面。

11 (B)。半徑以R表示,皆寫在數字之前。

12 (B)。全張圖可以多種比例使用,但需加以註明。

13 (D)。圖形比實際物體大兩倍時,比例應為2:1。

14 (B)。剖面圖之尺度應標註於該視圖外。

P.131 **15 (C)**。輪廓線與中心線皆可作為尺度界線。

16 (C)。指線用細實線繪製,與水平線約成45°或60°。

17 (A)。尺度標註除描述機件大小外,尚描述位置範圍。

18 (A)。尺度線與尺度界線應避免相交叉;尺度界線與尺度界線應可以相交叉;中心線不可以作為尺度線;輪廓線不可以作為尺度線。

19 (C)。尺度標註時,各尺度線之間隔約為字高的二倍。

20 (B)。機件之稜角因圓角或去角而消失時，此稜線須用細實線繪出。

21 (B)。註解圓孔所用的箭頭，箭頭必須與圓弧接觸，其指向應通過圓心。

22 (B)。工程圖上不論是使用縮尺或倍尺，圖形上所標註尺度應以物體之實際之尺度。

23 (A)。不規則曲線的尺度標註常用支距法標註。

24 (D)。標註尺度應盡量置於兩視圖間。

P.132 **25 (C)**。不可在虛線上註入尺度。

26 (B)。尺度線表示尺度的方向。

27 (A)。(B)某一尺度若為參考尺度時，應在該尺度數值加上括弧註記。(C)球面的半徑為30mm時，其尺度應標註為SR30。(D)更改尺度時，新數字旁加註的更改符號為△。

28 (B)。尺度數字之書寫，在橫書時由左向右，在縱書時由下向上。

29 (C)。功能尺度：與其他機件組合有關者，精度較高。

30 (A)。(B)輪廓線與中心線皆不可作為尺度線之用。(C)圖上指引註解說明所用之指線不可替代尺度線使用。(D)未依比例尺度之標註，須在尺度數字之下方加一橫線粗細同數字，以資識別，例如75。

31 (D)。比例或比例尺為「圖面尺度」與「實物尺度」之比值。圖面上之長度為20mm，使用之比例為1：10，則實際之長度為200mm。

32 (A)。中心線當作尺度界線使用時，其延伸的部分須繪製成細實線。

P.133 **33 (C)**。(A)圖超過半圓要標註直徑。(B)圖尺度重複標註。(D)圖半徑不可以指線方式標註。

34 (A)。交付工廠後的工作圖，若圖面需要進行設計變更時須在新尺度數字旁加註正三角形的更改記號及號碼。

35 (B)。(A)球面的半徑為30mm時，其尺度應標註為SR30。(C)某一尺度若為參考尺度時，應在該尺度數值加上括弧註記。(D)更改尺度時，新數字旁加註的更改符號為△。

36 (A)。

$$T = \frac{D-d}{\ell} ; \frac{1}{25} = \frac{D-d}{200} \quad D-d = 8\,(mm)。$$

P.134 **37 (C)**。註解應寫在指線尾端之水平線的上方。

38 (A)。(B)尺度5缺少尺度線。(C)尺度20之數字朝左書寫。(D)尺度5缺少尺度線，尺度20之數字朝左書寫。

39 (D)。若視圖部分尺度未按比例繪製，應在尺度數字之下方加一橫線粗細同數字，以資識別，例如500。

40 (#)。 (A)ϕ23、R13標註錯誤。(B)右圖ϕ20標註錯誤。(C)尺度重複。(D)尺度線不得被穿越。本題官方公告一律給分。

P.135 **41 (C)**。 (A)尺度可分為大小尺度與位置尺度。(B)矩形位置尺度參考其各面（基準面）定其位置。圓柱及圓錐形位置尺度參考其中心線及各底邊或端面定其位置。(D)決定各部位（平面或圓）位置之尺度稱為位置尺度。

42 (A)。尺度應自易於定位之基準面標註起，尺度不可重複標註，物體上每一細節或特徵（如孔、凹槽等）必須標註大小尺度及位置尺度。此題特別注意註解中1×45°已利用註解方式標註，圖中不可再重複標註1×45°相關之尺度，如(B)的ϕ8與ϕ10尺度，(C)的6、7、8、9尺度，(D)的5.3尺度等皆有誤，以(A)之標註方式較正確完整，且符合CNS之標註方式。

P.136 **43 (B)**。 (A)尺度界線以細實線表示，終止於尺度線向外延伸約2～3mm處。(C)箭頭長度為標註尺度數字之大小，尖端夾角為20°。(D)指線用細實線繪製，不可與水平線成平行或垂直。

44 (C)。 $T = \dfrac{H-h}{L} = \dfrac{20-10}{150} = \dfrac{1}{15}$

45 (B)。此圖有8個大小尺度，3個位置尺度。位置尺度分別為左側視圖右邊之25、15、30等3個位置尺度。

P.137 **46 (C)**。 (A)尺度標註之目的是決定物件的位置與大小。(B)尺度線是表示尺度的方向，尺度界線是確定尺度的範圍。(D)尺度線用細實線繪製，繪製時必須與尺度界線垂直。

47 (A)。球體符號以「S」表示，必須在直徑符號ϕ前面，故以Sϕ50標註。

48 (D)。 (A)錐度標註時，錐度符號之尖端應指向右方。(B)板厚標註時，板厚符號以小寫拉丁字母「t」表示。(C)機件之圓柱或圓孔端面去角，若去角長度為2mm，去角角度為45°時，才可標註為2×45°。

49 (D)。 (A)最右邊不可標註2×30°。(B)最左邊尺度ϕ41不須標註。(C)更改數字需將原尺度加雙線劃掉。

P.138 **50 (D)**。比例＝圖面長度：實物長度＝100：20＝5：1。

51 (B)。 $T = \dfrac{D-d}{\ell} = \dfrac{60-40}{120} = \dfrac{1}{6}$

52 (B)。 (A)錐度符號方向標註錯誤，應修正為$\rightarrow$1：6。(C)尺度數字及符號應避免與剖面線或中心線相交如尺度7和尺度10標註錯誤。(D)球半徑標註錯誤，應修正為SR21。

P.139 **53 (D)**。 (A)繪製尺度界線時，應垂直於所標註之尺度。(B)當球面直徑大小為35，其尺度標註符號為Sϕ35。(C)當斜度為1：30時，其尺度標註符號為$\triangleright$1：30。

54 (B)。 (A)圖中標註多處半徑尺度缺漏半徑符號R，如兩個尺度8。(C)

圖中標註有多餘尺度如尺度15（交線尺度沒有意義）和尺度18。(D)尺度安置不當如右側視圖上方尺度10與尺度20，小尺度應接近視圖，大尺度遠離視圖。不宜在虛線標註尺度，如右側視圖左側尺度10。去角45°時，應標註為2×45°。

P.140 **55 (D)**。(A)大小尺度是標註各部位之尺度大小。(B)圖中若有尺度未按比例繪製，應於該尺度數值下方加畫橫線。(C)中心線和輪廓線不可作為尺度線使用。

56 (C)。(A)左方的10缺少直徑符號ϕ，從右方基準面至粗鏈線缺少一個位置尺度。(B)沒標註M12螺紋範圍之長度。(D)孔為大寫英文字母，軸為小寫英文字母。

P.141 **57 (A)**。參考標註如下圖

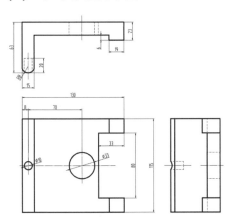

P.142 **58 (D)**。X(2:1)為放大比例。Y(1:1)為相等比例。Z(1:2)為縮小比例。實際面積大小順序Z>Y>X。

59 (C)。(A)R9需更正為ø18，ø10需更正為2xø10。(B)未依比例繪製之尺

度為在該尺度下方加畫一短線。(D)兩個視圖的尺度34為多餘尺度。

P.143 **60 (B)**。位置尺度為E、H、L、M，共4個。

第7單元 剖面圖識圖與製圖

P.154 **1 (B)**。繪製剖面線，除有特殊需要外，都是繪成與主軸或物體外形成45°。

2 (B)。薄片物件，如板金、薄板、墊圈、型鋼、角鋼、彈簧等，剖面線可以不畫，改以塗黑方式表示。

3 (C)。薄片物件，如板金、薄板、墊圈、型鋼、角鋼、彈簧等，剖面線可以不畫，改以塗黑方式表示。

4 (C)。剖視圖之尺度線不可被剖面線交會，且數字不可被交會。

5 (C)。剖面線避免與輪廓線平行或垂直而造成混淆，可畫與水平成30°或60°。

6 (D)。剖面線避免與輪廓線平行或垂直而造成混淆。

P.155 **7 (B)**。剖視圖中以折斷線為分界的是局部剖面。

8 (B)。不加以剖切部分例如：軸、螺釘、螺帽（螺母）、螺栓、墊圈、輪臂、肋、鍵、齒輪的齒、軸承的滾珠或滾子等機件，均不作縱向剖切。

9 (A)。肋縱剖時，剖面線省略不畫。

10 (C)。剖面線不一定與水平線成45°。

11 **(B)**。半剖為將機件剖切 $\frac{1}{4}$。

12 **(C)**。剖面線不一定與水平線成45°。

13 **(D)**。割面線可以轉折，轉折處繪製字高1.5倍，為粗實線。

14 **(B)**。剖面線不一定與水平線成45°。

15 **(D)**。相鄰兩機件的剖面圖中的剖面線應方向不同。

P.156 16 **(B)**。在組合圖中相鄰兩機件，其剖面線應取不同的方向。

17 **(B)**。同一機件，其剖面線的方向與間隔，不可因在不同部位而隨之變化。

18 **(D)**。俯視圖可以半視圖表現，但須繪後半部。

19 **(C)**。同一機件上的剖面線，要以相同且對稱的方向繪製。

20 **(D)**。不與主投影面之一平行之剖面為斜面，可採用輔助剖視圖（因斜面採輔助視圖）。

21 **(D)**。旋轉剖面亦可配合中斷視圖以折斷線表示之，但此時之旋轉剖面輪廓線，應改用粗實線畫出，稱為中斷旋轉剖面。

22 **(B)**。剖面線用於表達割面線所切斷面，露出之斷面，需以細實線畫出。剖面線不能用以表示物體剖切位置。

23 **(B)**。剖切後所得之剖切面稱為剖面，割面線之式樣，由細鏈線連接始末兩端的粗實線與箭頭組合而成，割面線之兩端伸出視圖外側約10mm。

P.157 24 **(A)**。(B)剖面線屬細實線。(C)大尺度恆註於小尺度之外。(D)鍵、銷等不畫剖面線。

25 **(A)**。薄片物件，如板金、薄板、墊圈、型鋼、角鋼、彈簧等，剖面線可以不畫，改以塗黑方式表示。

26 **(C)**。割面線的兩端粗實線伸出剖視圖外10mm為宜。

27 **(B)**。全剖視圖時，是將物件用割面切除二分之一所得。

28 **(A)**。半剖視圖大部分應用於對稱之機件上。

29 **(D)**。在視圖上將剖面圖沿割面線平移出原有視圖，並用中心線或字母表示其相對位置為移轉剖面。

30 **(D)**。簡單對稱的機件，切割面位置很明顯或在對稱中心線時，割面線可省略。

31 **(B)**。局部剖面視圖以不規則連續細實線之折斷線分隔。

32 **(B)**。剖面線的角度方向須考慮外在輪廓形狀。

P.158 33 **(B)**。剖面視圖常用於表達具有複雜的內部形狀、結構及尺度標註清楚。

34 **(B)**。(A)右半邊少一條輪廓線。(C)以中心線表示，非粗實線。(D)虛線可省略。

35 (C)。(A)剖面線方向要相同。(B)虛線可省略。(D)以中心線表示,非粗實線。

36 (D)。旋轉剖面將其橫斷面剖切,再將剖切處割面原地旋轉90°,以細實線重疊繪出剖面視圖者,稱為一般旋轉剖面。

37 (C)。(A)簡單對稱之剖面視圖不皆繪製割面線。(B)剖面線的角度方向須考慮外在輪廓形狀,不可與外在輪廓平行或垂直。(D)虛擬視圖須以細兩點鏈線繪製。

P.159 **38 (D)**。(A)割面線可以轉折。(B)割面線的轉折處在剖面視圖中不需繪出其分界線。(C)割面線之兩端須伸出視圖外約10mm。

39 (B)。半剖面視圖可見到內、外形,一半畫原有外形輪廓,一半表達內部剖面形狀,半剖面的分界線是中心線。

40 (D)。繪製剖面視圖時,割面線之兩端須伸出視圖外約10mm。

41 (B)。依CNS規定第三角正投影法得知。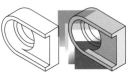

42 (C)。如有多個剖面時,同一個割面之兩端須以相同字母標示於割面線之外側。

P.160 **43 (B)**。對稱型物件,可用割面沿中心線剖切,繪其中一半為剖面以表達其內部形狀,其中心線不得畫成實線,另一半畫原有輪廓,此剖面亦稱半剖面視圖,是將物件用割面切除四分之一所得之結果。

44 (B)。剖面視圖常用於表達具有複雜的內部形狀、結構及尺度標註清楚。

45 (D)。(A)剖面視圖在轉折處剖面線間不可畫實線。(B)半剖面視圖中間為中心線(細鏈線),中心線不得畫成實線。(C)局部剖面視圖折斷線為不規則細實線。

46 (D)。移轉剖面平移後的剖面視圖,其圖的上方應加註與割面線上相同的字母。

P.161 **47 (B)**。(A)半剖面視圖必須為對稱型物件。(C)簡單對稱的機件,切割面位置很明顯,割面線要省略,剖面視圖中間粗實線可省略。(D)工作圖中肋、輻、耳等通常不剖。

48 (B)。局部剖面視圖在剖切與未剖切之部分,是以折斷線(不規則細實線)來分界。

49 (B)。(A)半剖面視圖沿中心線(細鏈線)為分界剖切、一半表達外部輪廓形狀、一半表達內部剖面形狀。(C)位置很明顯或在對稱中心線時,割面線省略,剖面視圖內螺紋的大徑為細實線,小徑為粗實線。(D)工作圖中肋、輻、耳等通常不剖切,且同一機件的剖面線方向須相同。

P.162 **50 (D)**。(A)剖面視圖是對物體作假想的剖切,以瞭解其內部的真實形狀,該假想之切割面稱為割面。(B)割面線一般為直線,但亦可視需要

予以轉折，割面線之兩端及轉折處
應畫成粗實線，中間則以細鏈線連
接。(C)由假想之切割面經物體之適
當位置剖切後，所得之剖切面稱為
剖面。

51 (C)。簡單對稱的機件，切割面位置
很明顯或在對稱中心線時，可省略其
割面線。割面可轉折偏位切於部位，
但割面方向改變並不在剖面視圖內
表示。

52 (A)。(B)鍵、銷等機件不可剖切。
(C)最左邊耳不可剖切。(D)旋轉剖
面可配合中斷視圖以折斷線表示
之，但此時之旋轉剖面輪廓線，應
改用粗實線畫出。

53 (B)。(A)一個物體可同時進行多個
剖面產生多個剖視圖。(C)移轉剖面
與旋轉剖面不同，旋轉剖面乃將剖
面原地旋轉90°後繪出之剖視圖，移
轉剖面將旋轉剖面移出原視圖外，
以細鏈線沿著割面方向移出，繪於
原視圖附近。(D)全剖面視圖可應用
於對稱物體與非對稱物體。

P.163 54 (B)。依旋轉剖面原則得知B－B為
正確之旋轉剖面視圖。

55 (A)。前視圖有假想線，表示剖視
後已不存在的部分，再者前視圖左
方有個小凹口，右視圖會有虛線表
示，故為(A)。

P.164 56 (C)。(A)若要以俯視圖為主，前視
圖的左方那為T字孔；若要以前視圖
為主，則俯視圖左側的虛線圓要變
成粗實線圓。(B)前視圖為全剖面視
圖。(D)前視圖最左側沒有剖面線。

P.165 57 (C)。(A)半剖面視圖可將物體內部
結構與外部形狀同時表現於一個視
圖上。(B)剖面線之繪製需均勻等
距，但若剖面範圍狹小時，則剖面
線須塗黑表示。(D)旋轉剖面乃將
剖切之斷面旋轉90度後所得到之視
圖，而移轉剖面為將旋轉剖面移出
原視圖外。

58 (B)。(A)物體被割面完全剖切，稱
為全剖視圖。(C)旋轉剖面為將橫斷
面剖切，再將剖切處割面原地旋轉
90º，其輪廓線以細實線重疊繪出剖
面視圖。(D)凸緣須畫剖面線，耳不
剖切。

59 (D)。依CNS標準第三角正投影法得
知，正確的剖面視圖為(D)。(A)前
剖面視圖之左邊為貫穿通孔。(B)前
剖面視圖之小孔位置為左邊，不是
右邊。(C)由俯視圖可知右側凹槽處
並無貫穿，故前剖面視圖右邊不應
全無剖面線。

P.166 60 (B)。(A)剖視圖乃依照正投影原理
繪出複雜機件的內部構造。(C)在半
剖視圖中，表示機件外部形狀處之
所有隱藏輪廓虛線通常可省略。(D)
局部剖面之範圍線以折斷線繪製，
折斷線不應與視圖之中心線或輪廓
線重合。

第8單元　習用畫法

P.179 1 (D)。斜視圖屬於一般平行投影
視圖。

2 (D)。虛擬視圖常以細兩點鏈線
繪出。

3 (D)。機件成形前之形狀為虛擬視圖之假想線常以細兩點鏈線繪出。

4 (C)。機件之輥花、紋面、金屬網目,加工部位用細實線畫出交叉線一角表示。

5 (C)。表示零件移動前後位置,可利用虛擬視圖,以細兩點鏈線表示。

6 (C)。較長物件可將其間形狀無變化的部分中斷,以節省空間,此種視圖稱為中斷視圖。

7 (B)。加工部分可用平行細實線、垂直細實線或30°交叉細實線畫出一角表示之。

8 (C)。第三角法中,俯視圖採半視圖表示時,若前視圖為非剖面視圖,則俯視圖應畫前半部。

9 (B)。以第三角法繪製,若物件前後對稱,前視圖為剖視圖,則俯視圖應繪後半部。

P.180 **10 (B)**。繪出機件局部形狀之視圖稱為局部視圖。

11 (B)。局部詳圖是在欲放大之部位予以細實線圓,並加註編碼大寫英文字母代號示之。

12 (B)。斜面要求其實形大小,必須用輔助視圖。

13 (D)。輔助視圖所根據正投影原理。

14 (C)。應畫剖面線。

15 (B)。旋轉剖面。

16 (A)。不需畫剖面線。

17 (A)。圓柱面表面被削平的部分,以對角交叉細實線表示。

P.181 **18 (B)**。習用表示法為將圓弧畫為粗實線之直線表示。

19 (A)。習用表示法為將圓弧畫為粗實線之直線表示。

20 (A)。(B)其尺度差距小時以圓弧表示。(C)繪製物體中不平行於主投影面的斜面之真實形狀,可採用輔助視圖。(D)後半部。

P.182 **21 (C)**。兩圓柱直徑相距不大時,其交線習用畫法以圓弧取代交線。

22 (A)。削平部分用交叉對角細實線表示。

23 (B)。(A)若須表示物體運動前後位置,可採用虛擬視圖繪製。(C)半視圖僅畫出中心線的一半,省略另一半。(D)材料上之輪幅、肋及耳等位置,不需繪製剖面線。

24 (B)。(A)用細鏈線繪製不存在的圖形,來表達物體的相關位置,為虛擬視圖。(C)兩端必須保留1mm之空隙。(D)細實線圓。

25 (C)。以直線表示。

26 (A)。(B)二點細鏈線。(C)左半剖視圖。(D)細實線。

P.183 **27 (C)**。局部輔助視圖在應用時,採用第三角投影最能表達清楚。

28 (A)。以第三角法繪製,若物件前後對稱,前視圖為一般正投影視圖,則俯視圖應繪前半部。

29 (C)。虛擬視圖常以細兩點鏈線繪出。

30 (B)。只繪出機件局部形狀之視圖稱為局部視圖。

31 (A)。若圖面尺度線位置太小,尺度不易記入時,則可使用局部詳圖或局部放大視圖。

32 (A)。輔助視圖根據正投影原理,採用的投影線一定要和該斜面的邊視圖呈90º。

33 (C)。斜面要求其真實形狀大小,必須用輔助視圖。

34 (A)。特殊處理物面需畫粗鏈線。

35 (B)。圓柱或圓錐表面經切削成平面狀,被削平部分之對角畫交叉的細實線。

P.184 **36 (D)**。若將物件與投影面不平行的部分旋轉至與投影面平行,然後繪出此部位的視圖,稱為轉正視圖。

37 (D)。斜邊長＝25。面積＝25×10＝250。

38 (A)。繪製中斷視圖時,在折斷處以不規則細實線表示。

39 (B)。複斜面與三個主要投影面之皆不平行與不垂直。

40 (D)。(A)俯視圖中,平面BCDE為非實形。(B)此物體具有單斜面。(C)俯視圖中$\overline{ED}$為非實長。

P.185 **41 (B)**。為簡化視圖及節省繪製時間,常將物件與投影面不平行的部分旋轉至與投影面平行,然後繪製此部分之視圖,這種視圖稱為轉正視圖。

42 (C)。(A)作圖線係以細實線表示。(B)割面線係以兩端粗中間細之鏈線表示。(D)旋轉剖面的輪廓線係以細實線表示。

43 (D)。視圖中,為了某些特殊之需要,得在圖面上加畫並不存在的圖形,以表達機件的形狀或相關位置,這種視圖稱為虛擬視圖。

44 (C)。在習用畫法中,圓柱與圓柱的交線用粗實線來表示。

45 (B)。(A)中斷視圖中的折斷處,以不規則細實線表示。(C)局部放大視圖中,該放大部位以一細實線畫一圓圈。(D)機件表面實施特殊處理的範圍,以一點粗鏈線表示。

46 (B)。半視圖畫法有:(1)如果前視圖為剖面視圖(全剖面視圖或半剖面視圖),俯視圖以半視圖表示時,應繪出遠離前視圖的後半部。(2)如果前視圖為一般投影圖,俯視圖以半視圖表示時,應繪出靠近前視圖的前半部。

47 (D)。虛擬視圖可表示裝配物件的位置、剖視後已不存在的部分、零件的運動位置。物件被隱藏的部位以虛線表示,並非虛擬視圖。

P.186 **48 (C)**。有關奇數輪臂或肋之機件其剖面視圖習用畫法,轉正後剖切作成對稱,輪臂或肋之機件剖面視圖省略不畫,未轉正者亦省略不畫。

49 (D)。描述裝配物件的位置、剖視後已不存在的部分、零件的運動相關位置等，應利用虛擬視圖。為描述機件斜面時，應利用輔助投影原理，畫出輔助視圖。

50 (A)。(B)習用畫法為共同約定的製圖標準，不須完全遵守投影原理。(C)第三角法中，俯視圖採半視圖表示時，若前視圖為非剖面視圖，則俯視圖應畫前半部。(D)因圓角而消失的稜線為了呈現原有之輪廓，應使用細實線繪製。

51 (A)。物件前視圖有剖切時，俯視圖之半視圖則繪出後半部，反之，物件前視圖無剖切時，俯視圖之半視圖則繪出物件之前半部，題目中的俯視圖為物件之前半部，則前視圖之呈現應以物件外部為主。

P.187 **52 (B)**。(A)零件上因製作圓角而消失之稜線，可用細實線且兩端稍留空隙表示之。(C)圓柱或圓錐上局部削平之平面，須在平面上加畫對角交叉之細實線以便區別。(D)半視圖乃將對稱物體以中心線為界畫出一側之視圖，且省略另一側之視圖者。

53 (B)。機件中因圓角而消失之稜線以細實線表示，細實線兩端稍留空隙約1mm。

54 (B)。

(1) 若前視圖為剖面視圖，俯視圖以半視圖表示時，應繪出遠離前視圖的後半部。右側視圖以半視圖表示時，應繪出遠離前視圖的右半部。

(2) 若前視圖為一般投影圖，俯視圖以半視圖表示時，應繪出靠近前視圖的前半部。右側視圖以半視圖表示時，應繪出靠近前視圖的左半部。

P.189 **55 (D)**。依CNS標準第三角正投影法得知，正確的輔助視圖TS為(D)。

第**9**單元 基本工作圖

P.214 **1 (D)**。ϕ57H7/m6為基孔制配合，且是過渡配合。

2 (C)。(A)ϕ8H7和ϕ8h7所指意義不同；(B)ϕ20H7孔的7級公差為0.021，則孔徑19.98不在範圍內；(D)公差愈小，代表精度愈佳，生產成本可以提高。

3 (A)。CNS中標準公差等級愈大，公差值愈大。

4 (B)。雙邊上下限界規格。

5 (B)。(A)最大餘隙量為0.042mm。(C)(D)無。

6 (C)。幾何公差的標註：(1)第一格：欲訂之幾何公差符號，標註於第一格內。(2)第二格：公差數值標註於第二格內，其單位為mm。(3)第三格：基準面或線係用字母來識別。

7 (A)。零件詳圖為將機件之形狀大小繪出並提供尺度、表面粗糙度、公差、材質等之圖面。

P.215 **8 (D)**。表達各機件之相關位置為組合圖，不包含於零件圖中。

9 **(B)**。工作圖應以工作物加工方向一致，車床加工為水平方向，其工作圖應以水平方向繪之。

10 **(B)**。加工裕度及取樣基準長度的加註（若有需要）的單位是mm。

11 **(B)**。R輪廓為粗糙度參數。W輪廓為波紋參數。P輪廓為結構參數。

12 **(C)**。ISO及CNS標準公差等級分為20級，由IT01、IT0、IT1、IT2、IT3……至IT18。依公差大小排列，以IT01級所示公差最小，IT18級公差最大。

13 **(B)**。IT5～IT10一般適用於機件之配合。

14 **(C)**。±0.05是該尺度的公差。

15 **(C)**。最小餘隙＝孔最小－軸最大。

16 **(A)**。使用同心度公差，同時亦限定了其真直度與對稱度。

17 **(D)**。(A)零件之件號線用細實線。(B)件號線由該零件內引出。(C)件號線引出處須在該零件內加一小黑點。

18 **(B)**。它的公差比φ30h8的公差為小，數字大公差大。

P.216 19 **(A)**。(A)40H7中之40為基本尺度，H代表偏差位置，7代表公差等級。

20 **(D)**。此題為舊標準，解析如下表：

	基孔制	基軸制
餘隙配合	H／a～g	A～G／h
干涉配合	H／p～zc	P～ZC／h
過渡配合	H／h～n	H～N／h

21 **(C)**。 //｜0.2｜B 表示以 B 面為標準面，兩面間之平行度公差須於0.2mm以內。

22 **(A)**。交付工廠後的工作圖，若圖面需要進行設計變更時須在新尺度數字旁加註正三角形的更改記號及號碼，亦可在圖面上建立更改欄，並記錄更改內容，若更改的尺度太多或範圍甚廣時，可將原圖作廢，另繪新圖。千萬不可將原尺度數字擦除，並直接標註新尺度。

23 **(B)**。IT01～IT4：用於規具公差。IT5～IT10：用於配合機件公差。IT11～IT18：用於不配合機件或初次加工之公差。

24 **(D)**。最大間隙＝孔最大－軸最小＝25.033－24.987＝0.046（mm）。

25 **(C)**。軸的尺度為φ5h7，公差位置h表示軸上偏差為0，因此φ35h7尺度其最大軸徑為35.00 mm。

P.217 26 **(D)**。刀痕方向以「＝」表示平行、「⊥」表示垂直、「X」表示交叉、「M」表多方向或無一定方向、「C」表同心圓、「R」表放射狀、「P」表凸起細粒狀。

27 **(C)**。繪製工程組合圖時，在不影響讀圖的情形下，虛線通常可以省略不畫。

28 **(A)**。最大干涉量＝孔最小－軸最大＝－0.06－0.06＝－0.12（mm）。

29 **(D)**。(A)加在標題欄上方的零件表，其填寫次序是由下而上。(B)零件表之件數欄是指該零件號碼在工

作圖中具有之總共件數。(C)圖號是標題欄的項目之一。

30 (A)。圓軸直徑上限界偏差為0，屬於基軸制（h）。孔軸配合簡易判別法如表所示：

	基孔制（H）	基軸制（h）
餘隙配合	H/a～h	A～H/h
干涉配合	H/n～zc	N～ZC/h
過渡配合	H/js、j、k、m	JS、J、K、M/h

31 (A)。孔軸配合簡易判別法如表所示：

	基孔制（H）	基軸制（h）
餘隙配合	H/a～h	A～H/h
干涉配合	H/n～zc	N～ZC/h
過渡配合	H/js、j、k、m	JS、J、K、M/h

32 (B)。ϕ40G7／h6之孔與軸配合為基軸制（h）之餘隙配合。

33 (B)。位置a：單一項表面織構要求。位置b：對2個或更多表面織構之要求事項。位置c：加工方法。位置d：表面紋理及方向。位置e：加工裕度。單位mm。

34 (D)。完整表面織構符號如下：APA（Any process allowed）：允許任何加工方法。MRR（Material removal required）：必須去除材。NMR（No material removed）：不得去除材料。

P.216 **35 (D)**。當一張圖紙中只繪製一個零件時，公用表面織構符號的位置應標註在該零件圖之標題欄旁。

36 (A)。(B)實際尺度（actual size）：有關實體特徵之尺度，實際尺度由量測而得，為滿足要求實際尺度應介於上限尺度及下限界尺度之間。(C)標稱尺度（nominal size）：由工程製圖技術規範所定義理想形態之尺度，係應用上及下限界偏差得知限界尺度之位置。(D)公差（tolerance）：係零件所允許之差異，為上限界尺度與下限界尺度之差。公差為絕對值，無正負號。

37 (C)。(A)圓桿的直徑誤差為尺度公差，真圓度為形狀公差。(B)國際公差等級IT01至IT18分為20等級。(D)表面粗糙度的取樣長度，預設值為0.8mm。【此預設值為舊標準】

38 (D)。(A)紋理呈二方向為傾斜交叉。(B)表面輪廓的最大高度限界值為1.6μm。(C)傳輸波域0.8－4mm之間。

39 (C)。(A)在零件圖中，標準零件不需畫出，僅需將其名稱、規格、數量等填寫在零件表中即可。(B)位於標題欄上方的零件表，其件號的填寫順序是由下而上。(D)零件圖的主要用途是要表現各零件的形狀和大小。

40 (B)。下限界尺度＝上限界尺度－公差＝35.007－0.025＝34.982（mm）。

P.219 **41 (B)**。ϕ10H7代表基本尺度（基本尺寸）為10mm的孔，公差等級

為IT 7級，且其下限界偏差（下偏差）為零。

42 (C)。組合圖是為了說明機械或產品的構造、裝配及操作保養等目的所使用之圖面。

43 (A)。國際標準（ISO）公差及中華民國國家標準（CNS）公差等級大小500mm以下分為20級，由IT 01、IT 0、IT 1、IT 2、IT 3……至IT 18。依公差大小排列，以IT 01級公差最小，IT 18級公差最大。

44 (B)。(A)表面粗糙度之要求為雙邊上下限界值。(C)表面粗糙度下限界值採用16%規則。(D)不得去除材料符號。

45 (B)。乙類精密規具之公差等級為第一級：IT01～IT4；甲類不需配合機件之公差等級為第三級：IT11～IT18。

P.220 **46 (C)**。$\sqrt{}$ Ra 2.5 當工件輪廓（投影視圖上封閉的輪廓）所有表面有相同織構時，須在圖完整符號中加上一圓圈，符號中小圓代表視圖上封閉的輪廓面（不包括其他視圖），因此有相同表面織構要求的平面共有7個。

47 (C)。最大材料（實體）狀況：符號 Ⓜ，簡寫（MMC）：孔之最大材料是指其下限尺度。軸之最大材料是指其上限尺度。此題軸上限尺度20，則允許的中心軸線真直度公差為 Ⓜ 值＝20－19.980＋0.025＝0.045（mm）。

48 (C)。軸孔配合之最大間隙＝孔最大－軸最小＝a＋b－d。

P.221 **49 (B)**。(A)為立體管路圖。(C)為局部放大圖（局部詳圖）。(D)為平面零件圖。

50 (D)。(A)零件圖為零件加工之工作圖面，應將零件之形狀、尺度、公差等於圖面中呈現，而題目中的螺栓、螺帽、鍵、銷等為標準零件，不須標出完整尺度，只須標出規格即可。(B)件號是零件編號，歸檔索引查詢者稱為圖號。(C)組合圖只須繪製各零件形狀與組裝位置，不須標出詳細尺度與公差。

51 (D)。(A)孔的下限界偏差為0。(B)軸的上限界偏差為0。(C)此軸孔配合為干涉配合無最小間隙。軸孔配合符號 ϕ32H7/s6→孔的公差為 $\phi32\ {}^{+0.025}_{\ \ 0}$；軸的公差為 $\phi32\ {}^{+0.059}_{+0.043}$。孔軸配合的最大干涉量發生在孔最小軸最大的時候，孔最小為32，軸最大為32.059，32－32.059＝－0.059。

P.222 **52 (A)**。(B)該圓柱體表面上任一直線須位於相距0.05mm之兩平行直線之間為圓柱表面之真直度。(C)任一與軸線垂直之斷面上，其周圍須介於兩個同心而相距0.05mm的圓之間為真圓度。(D)該圓柱體軸線須位於直徑為0.05mm之圓柱區域內為軸線之真直度。

53 (B)。(A)圓柱度為形狀公差。(B)同心度為定位（位置）差。(C)垂直度

為方向公差。(D)曲面輪廓度為形狀
公差。

54 (D)。(A)國際標準組織將公差分為
20個等級，其中IT 01〜IT 4為規具
公差。(B)大寫字母代表孔偏差，
A〜G代表正偏差。(C)過盈配合
（干涉配合）即孔的尺寸小於軸的
尺寸，需加壓才能配合。

55 (B)。MRR為必須去除材料。

56 (A)。P為表面紋理成凸起細粒狀，
與工件外形輪廓完全無關。

P.223 **57 (D)**。(A)基孔制，過渡配合。(B)基
軸制，餘隙配合。(C)最大干涉=0–
25=–25，最大間隙=35–3=32，容
差=0–25=–25。(D)最大間隙為=54–
(–35)=89，最小間隙為=0–0=0，容
差=0–0=0。

58 (C)。

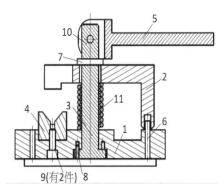

P.224 **59 (A)**。最大實體狀況是表示形態到
處都是在所含材料最多的情況。例
如：孔為最小尺度，軸為最大尺
度，符號為Ⓜ。最大實體狀況原理
只能用在零件導出型態。

60 (B)。真直度無需基準面，而此題真
直度要求為全部中心軸線之範圍，
故正確答案為(B)。

第10單元 近年試題

107年 統測試題

P.225 **1 (C)**。組合圖是為了説明機械或產
品的構造、裝配及操作保養等目的
所使用之圖面。

2 (D)。比例=圖面長度：實物長度
=100：20=5：1。

3 (A)。繪圖時以中心線表示機件的
對稱中心、圓柱中心等，一般使用
細鏈線繪製。

4 (B)。圓之內接正六邊形的邊長等
於半徑。

5 (C)。當兩圓相切時，通過切點之
公切線與連心線的夾角為90度。

6 (B)。徒手畫時應使用中性類H到B
等級的鉛筆較適宜。

P.226 **7 (B)**。如解析立體圖所示，依據CNS
標準第三角正投影法得知(B)正確。

8 (C)。(A)當一直線平行於一主要
投影面且傾斜於另外兩個主要投影
面，則該直線稱為單斜線。(B)正
垂面在與其平行的投影面上之投影

視圖,稱為該正垂面之正垂視圖。(D)當一平面傾斜於三個主要投影面時,則該平面稱為複斜面(歪面)。

9 **(C)**。如解析立體圖所示,依據CNS標準第三角正投影法得知(C)正確。

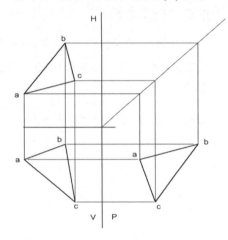

P.227 10 **(D)**。(A)最右邊不可標註2×30°,

應為 [圖] 。(B) ϕ 41,20,(50)皆是多餘尺度。(C)更改數字需將原尺度加雙線劃掉。

P.228 11 **(D)**。(A)錐度標註時,錐度符號之尖端應指向右方 ▷ 。(B)板厚標註時,板厚符號以小寫拉丁字母「t」表示。(C)機件之圓柱或圓孔端面去角,若去角長度為2mm,去角角度為45°時,才可標註2×45°。

12 **(A)**。(B)鍵、銷等機件不可剖切。(C)最左邊耳不可剖切。(D)旋轉剖面配合中斷視圖以折斷線表示時,應改用粗實線畫出。

13 **(B)**。(A)表面粗糙度之要求為兩個雙邊上、下限界值。(C)表面粗糙度下限界值採用16%規則。(D)不得去除材料符號。

108年 統測試題

P.229 1 **(D)**。(A)A0圖紙如須裝訂成冊,則裝訂邊離圖紙左側25mm。(B)A1圖紙可裁剪成4張之A3圖紙。(C)描圖紙厚薄之規格單位為:g/m^2。

2 **(C)**。分規主要用途為等分線段或量取移量長度(等分與度量),不能用來畫圓。

3 **(B)**。(A)粗實線與虛線直接交接處應連接,不可留空隙。(B)虛線為粗實線的延長時應留空隙。(C)虛線弧為實線弧之延長時,應留空隙。(D)虛線弧為實線弧之延長時,應留空隙。

4 **(B)**。$T = \dfrac{D-d}{\ell} = \dfrac{60-40}{120} = \dfrac{1}{6}$

5 **(A)**。(B)在製造業應用最廣泛之徒手畫立體圖為等角圖。(C)徒手繪製圖形與文字時,宜用HB或F級鉛筆。(D)徒手繪製水平與垂直線條時,眼睛應看線之終點。

P.230 6 **(C)**。如解析立體圖所示,依據CNS標準第三角正投影法得知(C)正確。

7 (C)。在圖完整符號中加上一圓
圈，表示所有表面有相同織構，因
此此圖有相同表面織構要求的平面
共有7個。

8 (B)。(A)一個物體可同時進行多個
剖面產生多個剖視圖。(C)移轉剖面
與旋轉剖面不同。旋轉剖面乃將剖
面原地旋轉90°後繪出之剖視圖。移
轉剖面將旋轉剖面移出原視圖外，
以細鏈線沿著割面方向移出，繪於
原視圖附近。(D)全剖面視圖可應用
於對稱或非對稱物體。

9 (A)。(B)習用畫法不須完全遵守投
影原理。(C)第三角法中，俯視圖採
半視圖表示時，若前視圖為非剖面
視圖，則俯視圖應畫前半部。(D)因
圓角而消失的稜線為了呈現原有之
輪廓，應使用細實線繪製。

P.231 **10 (C)**。最大材料（實體）狀況孔為
其下限尺度，軸為其上限尺度。此
題軸上限尺度20，根據最大實體
原理，則允許的中心軸線真直度
公差值＝20－19.980+0.025=0.045
（mm）。

11 (C)。軸孔配合之最大間隙＝孔最
大－軸最小＝a＋b－d= e＋f＋b＋c。

12 (D)。如解析立體圖所示，依據
CNS標準第三角正投影法得知二個
單斜面和一個複斜面(D)正確。

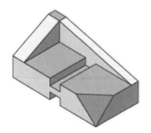

P.232 **13 (B)**。(A)錐度符號方向標註錯誤，
應修正為 ▷1：6。(C)尺度數字及
符號應避免與剖面線或中心線相交
如尺度7和尺度10標註錯誤。(D)球
半徑標註錯誤，應修正為SR21。

109年 統測試題

P.233 **1 (B)**。(A)為立體管路圖，非平面。
(C)為局部放大圖。(D)為零件工作
圖，非立體零件圖。

2 (D)。(A)A1圖紙面積為$0.5m^2$，B0
圖紙面積為$1.5m^2$。(B)普通製圖紙
與描圖紙的厚薄是以g/m^2來做定
義。(C)用一平面切一直立圓錐，當
割面與錐軸之夾角大於素線與錐軸
交角，可得橢圓截面。

3 (C)。(A)因虛線孔在兩條虛線中間
會有一條中心線，故兩條虛線應互
相對齊。(B)鉛筆心其中4H為硬級
類，3H、2H才是中級類。(D)一組
三角板搭配丁字尺，只能做出15度
倍數角度，無法做出115度。

P.234 **4 (D)**。(A)繪製尺度界線時，應垂
直於所標註之尺度。(B)當球面直
徑大小為35，其尺度標註符號為
S∮35。(C)當錐度為1：30時，其
尺度標註符號為 ▷1：30。

5 (C)。等角投影圖與等角圖之形狀
相同，但大小不同，其等角投影圖
的大小約為等角圖的81%。

6 (D)。(A)為正垂線。(B)為水平線。
(C)為複斜線。

7 (#)。

(A)依CNS標準第三角正投影法得知。

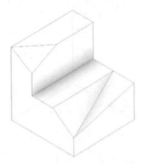

(B)依CNS標準第三角正投影法得知。

本題官方公告選(A)或(B)均給分。

P.235 **8 (D)**。(A)零件圖為零件加工之工作圖面，應將零件之形狀、尺度、公差等於圖面中呈現，而題目中的螺栓、螺帽、鍵、銷等為標準零件，不須標出完整尺度，只須標出規格即可。(B)件號是零件編號，歸檔索引查詢者稱為圖號。(C)組合圖只須繪製各零件形狀與組裝位置，不須標出詳細尺度與公差。

9 (D)。(A)孔的下限界偏差為0。(B)軸的上限界偏差為0。(C)此軸孔配合為干涉配合無最小間隙。軸孔配合符號 $\phi 32H7/s6 \rightarrow$ 孔的公差為 $\phi 32 \begin{smallmatrix} +0.025 \\ 0 \end{smallmatrix}$；軸的公差為 $\phi 32 \begin{smallmatrix} +0.059 \\ +0.043 \end{smallmatrix}$。孔軸配

合的最大干涉量發生在孔最小軸最大的時候，孔最小為32，軸最大為32.059，$32-32.059=-0.059$。

10 (B)。(A)圖中標註多處半徑尺度缺漏半徑符號R，如兩個尺度8與尺度11。(C)圖中標註有多餘尺度如尺度15（交線尺寸沒有意義）和尺度18。(D)尺度安置不當如右側視圖尺度10與尺度20，小尺度應接近視圖，大尺度遠離視圖。去角45°時，應標註為2×45°。

11 (B)。依旋轉剖面原則得知B－B為正確之旋轉剖面視圖。

P.236 **12 (A)**。物件前視圖有剖切時，俯視圖之半視圖則繪出後半部，反之，物件前視圖無剖切時，俯視圖之半視圖則繪出物件之前半部，題目中的俯視圖為物件之前半部，則前視圖之呈現應以物件外部為主。

13 (A)。(B)該圓柱體表面上任一直線須位於相距0.05mm之兩平行直線之間為圓柱表面之真直度。(C)任一與軸線垂直之斷面上，其周圍須介於兩個同心而相距0.05mm的圓之間為真圓度。(D)該圓柱體軸線須位於直徑為0.05mm之圓柱區域內為軸線之真直度。

110年 統測試題

P.237 **1 (C)**。(A)正六邊形的邊長和外切圓的半徑相等。(B)正五邊形每一內角為108度。(D)正三邊形的內角和為180度。

2 (B)。 MRR為必須去除材料。

3 (A)。 前視圖有假想線，表示剖視後已不存在的部分，再者前視圖左方有個小凹口，右視圖會有虛線表示，故為(A)。

4 (B)。 (A)1張A1規格之圖紙面積等於8張A4規格之圖紙面積。(C)國際標準化組織簡稱ISO。(D)標題欄通常置於圖紙的右下角。

P.238 **5 (D)**。 依照CNS規定，第一角法與第三角法皆可採用。

6 (A)。 (B)旋轉剖面的輪廓線不一定為粗實線。(C)隱藏線為中虛線。(D)尺度線及尺度界線均為細實線。

7 (A)。 依CNS標準第三角正投影法得知。

8 (C)。 依CNS標準第三角正投影法得知。

P.239 **9 (C)**。 依CNS標準第三角正投影法得知。

10 (D)。 (A)大小尺度是標註各部位之尺度大小。(B)圖中若有尺度未按比例繪製，應於該尺度數值下方加畫橫線。(C)中心線和輪廓線不可作為尺度線使用。

11 (C)。 (A)半剖面視圖可將物體內部結構與外部形狀同時表現於一個視圖上。(B)剖面線之繪製需均勻等距，但若剖面範圍狹小時，則剖面線須塗黑表示。(D)旋轉剖面乃將剖切之斷面旋轉90度後所得到之視圖，而移轉剖面為將旋轉剖面移出原視圖外。

12 (B)。 (A)零件上因製作圓角而消失之稜線，可用細實線且兩端稍留空隙表示之。(C)圓柱或圓錐上局部削平之平面，須在平面上加畫對角交叉之細實線以便區別。(D)半視圖乃將對稱物體以中心線為界畫出一側之視圖，且省略另一側之視圖者。

P.240 **13 (C)**。 (A)左方的10缺少直徑符號ϕ，從右方基準面至粗鏈線缺少一個位置尺度。(B)沒標註M12螺紋範圍之長度。(D)孔為大寫英文字母，軸為小寫英文字母。

111年 統測試題

P.241 **1 (#)**。 (A)無中文工程字的字規。(B)製圖鉛筆筆心的硬度，可分為硬性類、中性類、軟性類共三類。本題官方公告選(C)或(D)均給分。

2 (A)。 最大實體狀況是表示形態到處都是在所含材料最多的情況。例如：孔為最小尺度，軸為最大尺度，符號為 。最大實體狀況原理只能用在零件導出型態。

3 (B)。 (A)電腦輔助製圖簡稱CAD。(C)中華民國國家標準簡稱CNS。(D)圖紙厚薄的單位為g/m^2。

4 (A)。P為表面紋理成凸起細粒狀，與工件外形輪廓完全無關。

5 (B)。
(1) 若前視圖為剖面視圖（全剖面視圖或半剖面視圖），俯視圖以半視圖表示時，應繪出遠離前視圖的後半部。右側視圖以半視圖表示時，應繪出遠離前視圖的右半部。
(2) 若前視圖為一般投影圖，俯視圖以半視圖表示時，應繪出靠近前視圖的前半部。右側視圖以半視圖表示時，應繪出靠近前視圖的左半部。

P.242 **6 (B)**。機件中因圓角而消失之稜線以細實線表示，細實線兩端稍留空隙約1mm。

P.243 **7 (C)**。依CNS標準第三角正投影法得知，正確的前視圖為(C)。

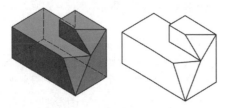

8 (D)。X(2:1)為放大比例。Y(1:1)為相等比例。Z(1:2)為縮小比例。實際面積大小順序Z > Y > X。

9 (C)。虛線與虛線相交時，其交點接合處應維持正交。

10 (#)。 (C)一圓與正多邊形之頂點相接時，則該多邊形為圓的內接正多邊形。(D)當兩圓外切時其連心線長

為兩半徑之和。本題官方公告選(A)或(B)均給分。

P.244 **11 (#)**。 (B)依投影線與投影面的關係，可區分為平行投影與透視投影。(C)視點距物體無窮遠的投射線彼此平行且與投影面垂直者，稱為正投影。本題官方公告選(B)或(C)均給分。

12 (D)。(A)基孔制，過渡配合。(B)基軸制，餘隙配合。(C)最大干涉=0–25=–25，最大間隙=35–3=32，容差=0–25=–25。(D)最大間隙為=54–(–35)=89，最小間隙為=0–0=0，容差=0–0=0。

13 (C)。

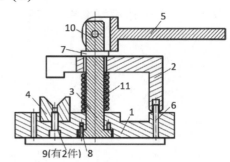

P.245 **14 (A)**。

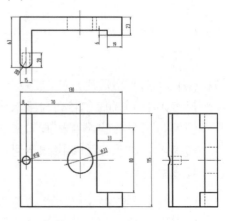

15 (A)。

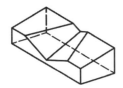

16 (B)。(A)物體被割面完全剖切，稱
為全剖視圖。(C)旋轉剖面為將橫斷
面剖切，再將剖切處割面原地旋轉
90°，其輪廓線以細實線重疊繪出剖
面視圖。(D)凸緣須畫剖面線，耳不
剖切。

112年 統測試題

P.246 **1 (B)**。(A)工程圖包括機械說明圖。
(C)國際標準化組織的英文縮寫
ISO。(D)中華民國國家標準的英文
縮寫CNS。

2 (D)。(A)分規功能為等分與度量。
(B)一組三角板搭配丁字尺，可畫
出15°倍數的斜線。(C)實物長度為
20mm，若圖面以10mm的長度繪
製，則其比例為1：2。

3 (C)。(A)隱藏輪廓線應以中虛線表
示。(B)工件表面特殊處理範圍應以
粗鏈線來表示。(D)尺度線與尺度界
線皆以細實線繪出。

4 (A)。(B)圓錐曲線主要有正圓、橢
圓、雙曲線、拋物線及等腰三角形
等。(C)當切割面平行於直立圓錐的
中軸線形成之曲線為雙曲線。(D)當
切割面垂直於直立圓錐的中軸線形
成之曲線為正圓。

5 (D)。n邊形可分成（n-2）個三角
形，八邊形可以分割成六個三角形。

P.247 **6 (D)**。依CNS標準第三角正投影法得
知，正確的三視圖（第三角法）為
(D)。

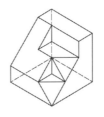

立體圖

7 (A)。依CNS標準第三角正投影法得
知，正確的右視圖為(A)。

立體圖

8 (C)。(A)透視圖上之投射線集中於
一點。(B)物體離投影面愈遠，所
得的正投影視圖大小不變。(D)第
一象限觀察投影時，投影面、物
體、視點的先後順序為視點→物體
→投影面。

P.248 **9 (C)**。(A)R9需更正為ϕ18，ϕ10需
更正為2xϕ10。(B)未依比例繪製之
尺度為在該尺度下方加畫一短線。
(D)兩個視圖的尺度34為多餘尺度。

P.249 **10 (B)**。位置尺度為E、H、L、M，共
4個。

11 **(D)**。依CNS標準第三角正投影法得知，正確的剖面視圖為(D)。(A)前剖面視圖之左邊為貫穿通孔。(B)前剖面視圖之小孔位置為左邊，不是右邊。(C)由俯視圖可知右側凹槽處並無貫穿，故前剖面視圖右邊不應全無剖面線。

P.250 12 **(B)**。(A)剖視圖乃依照正投影原理繪出複雜機件的內部構造。(C)在半剖視圖中，表示機件外部形狀處之所有隱藏輪廓虛線通常可省略。(D)局部剖面之範圍線以折斷線繪製，折斷線不應與視圖之中心線或輪廓線重合。

13 **(D)**。依CNS標準第三角正投影法得知，正確的輔助視圖TS為(D)。

P.251 14 **(A)**。依CNS標準第三角正投影法得知，正確的左側視圖為(A)。

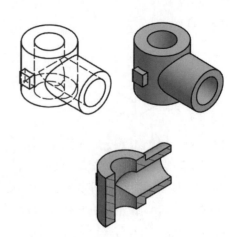

15 **(B)**。真直度無需基準面，而此題真直度要求為全部中心軸線之範圍，故正確答案為(B)。

P.252 16 **(B)**。(B)MRR為必須去除材料。(A)、(D)沒有這種符號。(C)為不得去除材料（NMR）。

學習方法 系列

如何有效率地準備並順利上榜，學習方法正是關鍵！

作者在投入國考的初期也曾遭遇過書中所提到類似的問題，因此在第一次上榜後積極投入記憶術的研究，並自創一套完整且適用於國考的記憶術架構，此後憑藉這套記憶術架構，在不被看好的情況下先後考取司法特考監所管理員及移民特考三等，印證這套記憶術的實用性。期待透過此書，能幫助同樣面臨記憶困擾的國考生早日金榜題名。

榮登金石堂暢銷排行榜

—— 連三金榜　黃禕 ——

翻轉思考 破解道聽塗說	適合的最好 調整習慣來應考	一定學得會 萬用邏輯訓練

三次上榜的國考達人經驗分享！
運用邏輯記憶訓練，教你背得有效率！
記得快也記得牢，從方法變成心法！

作者線上分享

網路書店

最強校長 謝龍卿

榮登博客來暢銷榜

作者線上分享

經驗分享＋考題破解
帶你讀懂考題的know-how！

open your mind！
讓大腦全面啟動，做你的防彈少年！

108課綱是什麼？考題怎麼出？試要怎麼考？書中針對學測、統測、分科測驗做統整與歸納。並包括大學入學管道介紹、課內外學習資源應用、專題研究技巧、自主學習方法，以及學習歷程檔案製作等。書籍內容編寫的目的主要是幫助中學階段後期的學生與家長，涵蓋普高、技高、綜高與單高。也非常適合國中學生超前學習、五專學生自修之用，或是學校老師與社會賢達了解中學階段學習內容與政策變化的參考。

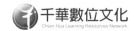

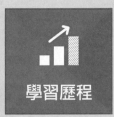

千華會員享有最值優惠!

立即加入會員

會員等級	一般會員	VIP 會員	上榜考生
條件	免費加入	1. 直接付費 1500 元 2. 單筆購物滿 5000 元	提供國考、證照相關考試上榜及教材使用證明
折價券	200 元	500 元	
購物折扣	·平時購書 9 折 ·新書 79 折 (兩周)	·書籍 75 折　·函授 5 折	
生日驚喜		●	●
任選書籍三本		●	●
學習診斷測驗(5科)		●	●
電子書(1本)		●	●
名師面對面		●	

facebook

公職 · 證照考試資訊

專業考用書籍｜數位學習課程｜考試經驗分享

千華公職證照粉絲團

按讚送 E-coupon

Step1. 於FB「千華公職證照粉絲團」按讚

Step2. 請在粉絲團的訊息，留下您的千華會員帳號

Step3. 粉絲團管理者核對您的會員帳號後，將立即回贈e-coupon 200元。

壹佰圓

千華 Line@ 專人諮詢服務

✓ 有疑問想要諮詢嗎？歡迎加入千華LINE@！

✓ 無論是考試日期、教材推薦、勘誤問題等，都能得到滿意的服務。

✓ 我們提供專人諮詢互動，更能時時掌握考訊及優惠活動！

頂尖名師精編紙本教材

超強編審團隊特邀頂尖名師編撰，
最適合學生自修、教師教學選用！

千華影音課程

超高畫質，清晰音效環
繞猶如教師親臨！

TTQS 銅牌獎

多元教育培訓
數位創新

現在考生們可以在「Line」、「Facebook」
粉絲團、「YouTube」三大平台上，搜尋【千
華數位文化】。即可獲得最新考訊、書
籍、電子書及線上線下課程。千華數位
文化精心打造數位學習生活圈，與考生
一同為備考加油！

面授

實戰面授課程

不定期規劃辦理各類超完美
考前衝刺班、密集班與猜題
班，完整的培訓系統，提供
多種好康講座陪您應戰！

i

遍布全國的經銷網絡

實體書店：全國各大書店通路

電子書城：

Google play、Hami 書城 …
Pube 電子書城

網路書店：

千華網路書店、博客來
MOMO 網路書店…

書籍及數位內容委製
服務方案

課程製作顧問服務、局部委外製
作、全課程委外製作，為單位與教
師打造最適切的課程樣貌，共創
1+1= 無限大的合作曝光機會！

多元服務專屬社群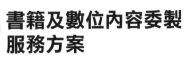

千華官方網站、FB 公職證照粉絲團、Line@ 專屬服務、YouTube、
考情資訊、新書簡介、課程預覽，隨觸可及！

國家圖書館出版品預行編目(CIP)資料

(升科大四技)機械製圖實習完全攻略 / 韓森, 千均編著. --
第二版. -- 新北市 ： 千華數位文化股份有限公司,
2023.09
　面 ；　公分
ISBN 978-626-380-005-2 (平裝)

1.CST: 機械設計　2.CST: 工程圖學

446.194　　　　　　　　　112014775

[升科大四技] **機械製圖實習 完全攻略**

編 著 者：韓森、千均

發 行 人：廖 雪 鳳
登 記 證：行政院新聞局局版台業字第 3388 號
出 版 者：千華數位文化股份有限公司
　　　　　地址／新北市中和區中山路三段 136 巷 10 弄 17 號
　　　　　電話／ (02)2228-9070　　傳真／ (02)2228-9076
　　　　　郵撥／第 19924628 號　千華數位文化公司帳戶
　　　　　千華公職資訊網：http://www.chienhua.com.tw
　　　　　千華網路書店：http://www.chienhua.com.tw/bookstore
　　　　　網路客服信箱：chienhua@chienhua.com.tw

法律顧問：永然聯合法律事務所
編輯經理：甯開遠
主　　編：甯開遠
執行編輯：陳資穎
校　　對：千華資深編輯群
排版主任：陳春花
排　　版：蕭韻秀

出版日期：2023 年 9 月 25 日　　第二版／第一刷

本書如有勘誤或其他補充資料，
將刊於千華公職資訊網　http://www.chienhua.com.tw
歡迎上網下載。